수학 한잔할래요?

수학 한잔할래요?

누구와도 재밌는 수학 스몰토크

마우리치오 코도뇨 지음
박종순 옮김

인생의 동반자,
안나에게

들어가는 말

이탈리아 사람 78.2%는 수학이 어렵다고 생각한다. 심지어 42%는 '수학에 두려움'을 갖고 있다고 말한다. 이런 데이터 앞에서 우리가 무슨 말을 할 수 있을까? 한 가지는 의심의 여지없는 진실이다. 대학 수준의 수학은 정말로 어렵다. 그래서? 심지어 예술적 수준의 카푸치노를 만드는 것도 결코 쉬운 일이 아니다. 나는 바리스타가 커피잔에 우유를 부어서 나뭇잎이나 하트 무늬를 만들어낼 때마다 경탄을 금치 못한다. 이런 종류의 일을 하려면 어디서부터 시작해야 하는지조차 알지 못한다. 그럼에도 내 커피 머신을 작동시켜, 비록 미적인 관점에서는 완벽하지 않아도 훌륭한 맛의 카푸치노를 만들 수 있다.

불행히도 학교 교과 과정은, 배우는 것 중에서 99%는 인생에서 전혀 쓸 일 없는 기술을 습득하도록 학생들에게 강요하고 있다. 그리고 일상생활이 수학으로 가득 차 있다고 지적해줄 뿐만 아니라(많은 사람이 그렇게 말하고, 솔직히 조금은 지겨워지려 한다), 무엇보다 당신이 어떻게 수학적 아이디어를 이해할 수 있는지 등에 관해 계산을 전혀 하지 않으면서 설명해줄 수 있는 정말로 뛰어난 선생을 만날 행운은 자주 일어나지 않는다. 계산을 안 하는 건 진짜 수학이 아니라고 이의를 제기하는 사람도 있지만, 내 생각에 그건 단지 수학을 멀리하려고 꾸며낸 변명일 뿐이다. 나는 수학이 얼마나 아름다운지에 관한 통상적이고 진부한 이야기를 늘어놓지 않는다. 나는 수학이 아름답다고 절대적으로 확신하지만, 왜 그런지는 설명할 수 없다. 우리 눈앞을 지나가는 많은 것을 공식적인 방법으로 논증하기는 어려울 수 있지만, 커피 머신 앞에서 둘이 잡담하듯이 직관적으로 그것을 이해하고 일화처럼 이야기할 수는 있다. 그 몇 분 동안 영화, 경제, 정치에 관해 이야기한다고 해서 우리가 모두 오스카상 혹은 노벨상 수상자이거나 정치가는 아니다. 그렇다면 수학에 관한 흥미로운 주제로 수다를 떨지 못할 이유가 있을까?

이 책은 여러 개의 작은 주제를 수학자가 아닌 사람에게 짧게 이야기하는 형식으로 되어 있다. 물론 때로는 숫자가 나오는 예도 있다. 그러나 결과는 믿을 수 있다고 보장한다. 그림도 몇 개 있지만, 아주 많지는 않다. 당신이 듣는 것과 달리 작은 그림만으로는 거의 쓸모없기 때문이다. 그리고 몇몇 공식은 순전히 미적인 가치 때문에 넣은 것일 뿐이니

건너뛰어도 전혀 문제없다. 커피 머신에 딸려 있는 스터러와 카푸치노 거품으로 그림을 그리거나 공식을 쓸 거라는 생각이 조금은 들지 않을까?

이 책은 다섯 개의 장으로 구성되어 있다. 1장 '산술'편에는 당신이 학창 시절 의문을 가졌다가 이후 잊어버린 몇 가지 질문에 대한 답이 담겨 있다. 2장 '역설, 확률, 예측'편에는 처음에는 불가능해 보이지만 좀 더 주의 깊게 살펴보면 완전히 논리적인 결과가 나오는 문제들을 모았다. 3장 '게임'편에서는 제목 그대로 게임과, 도박과 도박 아닌 것을 다룬다. 4장 '주변을 돌아다니며'편에서는 도로와 다른 곳을 지나면서 볼 수 있는 예들을 다룬다. 5장 '컴퓨터와 표준'편에서는 비록 정보 기술이 변장한 수학에 지나지 않는다고 확신하는 사람들이 있지만, 조금은 수학과 덜 연관된 문제를 다룬다.

비록 특정 주제를 조금 다른 방식으로 다루는 장에 대한 참조가 가끔 있긴 하지만, 각 장을 단독으로 읽을 수 있다. 일부 주제는 당신이 이미 알고 있을 수도 있지만, 그렇더라도 당신이 아는 것과 다른 방식으로 다루었기를 희망한다. 책에서 흥미로운 것들을 이야기함으로써 당신에게 즐거움을 주는 것 외에도, 그 아래 있는 것이 정말로 무엇인지 직관적으로 이해할 수 있도록 노력할 것이다.

나는 수학의 목적이 기본적으로 실제에 어느 정도 완벽하게 적용되는 모델을 만드는 것이며, 진정한 도전은 우리를 둘러싼 논리수학 구조에 대한 아이디어를 얻는 것이라고 믿는 학파에 속한다. 방정식을 풀거나 적분을 계산할 줄 아는 것은 일상생활에서 큰 도움이 되지 않는다. 만약 그것이 정말로 필요한 경우에는 언제든 컴퓨터에 공식을 넣어보면 된다.

그러나 만약 우리가 무엇을 기대해야 하는지에 대한 질적인 아이디어를 갖고 있지 않다면, 누군가 사람들의 수학적 문맹을 악용해, 다수의 숫자와 공식을 마구잡이로 대충 늘어놓은 날조된 거짓을 퍼뜨릴 위험을 안게 된다. 다음 글은 2012년 말부터 페이스북이나 다른 곳에서 돌던 것이다. "어제 공화국 상원은 257표의 찬성과 165표의 기권으로 상원의원 치렌가가 발의한 임기 말이 임박한 '위기에 처한 의원들'을 위한 기금 조성 규정 법안을 승인했다. 이 기금은 임기가 끝난 다음 해에 일자리를 찾지 못한 모든 의원에게 할당되는 1,340억 유로의 예산을 제공한다." 이것을 읽고 공유한 사람 중 얼마나 많은 이가 표시된 투표수를 더해보고 공화국 상원의원의 수보다 많다는 것을 깨닫거나, 할당된 총합을 1,000명이 안 되는 의원의 수로 나누어보면 한 사람당 1억 3,000유로 넘게 받는다는 것을 발견할까? 수학이 많이 필요하지도 않다. 건전한 상식 수준보다 약간 더 필요할 뿐이다. 첫 번째 사실에 놀라지 않았더라도, 두 번째 사실은 충분히 놀랄 거라고 확신한다.

감사의 말은 '포스트(Post)'에서 내 잡담을 읽다 그것을 책으로 펴낼 수 있겠다고 생각한 코디체 출판사의 엔리코 카사데이에게 가장 먼저 하고 싶다. 그리고 다루어야 할 주제를 선택하느라 고생한 스테파노 밀라노도 고맙다. (이름을 부를 수 있는 사람 중에는) 마르코 피스케티와 마시모 만카에게 감사하다. 그들은 초고를 벼룩 잡듯 자세하게 읽어보고서도 살아남았을 뿐 아니라 부드럽게 흘러가지 않는 여러 부분을 지적해주기까지 했다. 마지막으로, 내가 글을 쓰고 또 무엇보다 다시 쓸 시간을 허락해준 안나와 체칠리아, 야코포에게 고맙다는 말을 전한다.

아, 깜빡했는데, 내가 처음에 언급한 통계는 즉석에서 만들어낸 것이다. 페이스북에서 공유하지 않기를 바란다.

차례

1장

산술

마이너스×마이너스
(플러스 혹은 마이너스)

많은 사람이 수학 공식과 마법 공식 사이에는 어떤 유사점이 있다는 사실을 눈치챌 수 있을 것이다. 수학의 경우 마술 지팡이를 사용하지는 않지만, 그래도 원하는 결과를 얻기 위해 한마디 한마디 반복하는 문장이 있으며, 모든 실수는 아무리 작은 것이라도 치명적인 결과를 초래한다. 어떤 경우에는, 동요처럼 전승되는 '구의 부피는 얼마? $4/3\pi r^3$'은 별 저항 없이 받아들여지지만, 우리를 당혹스럽게 하는 다른 공식들이 있다. 그중 하나가 부호 규칙이다. "플러스×플러스는 플러스, 플러스×마이너스는 마이너스, 마이너스×플러스는 마이너스"로 시작해(여기까지는 다 좋다) "마이너스×마이너스는 플러스"로 끝난다. 이것을 설명할 때면 불평하는 사람들이 꼭 있다. 두 개의 음수로 시작했는데 어떻게 하나의 양수가 나올 수 있는지?

보통 선생님들은 서둘러, 음수가 학생들이 이해하기에

그리 쉽지 않은 개념이라는 것을 생각하지 않고 "그건 이렇기 때문에 그렇습니다, 끝!"이라고 혼잣말하듯 하고 넘어간다. 17세기까지도 음수들은 제대로 고려되지 않았다. 당시 수학자들은 $x^2 - 5x - 6 = 0$과 같은 방정식을 절대로 쓰지 않았을 것이다. 그 대신 성가신 마이너스 부호를 없애기 위해 $x^2 = 5x + 6$으로 변환했을 것이다. 결국 그 거부감은 오늘날까지 이어지고 있다.

야간 최저 온도가 -3도라는 말을 피하려고 '영하 3도'라는 우회적 표현을 사용한다. 이것 모두 여전히 처음 질문에 대한 답이 아니다. 하지만 다행히도 시각화하기 쉬운 두 세트의 양수와 음수를 이용해, 작동하는 부호 규칙을 상대적으로 쉽게 관찰하는 방법이 있다. 보기 쉽게 만든 두 세트의 양수와 음수를 이용하는 것이다.

예를 들어 양수는 미래, 음수는 과거와 연관시킬 수 있다. '어제의 전날인 그저께'는 '오늘로부터 -2일'이라고 하는 것과 같고, '내일'은 '오늘로부터 $+1$일'이라고 하는 것과 같다. 더 쉬운 예는 받을 돈은 양수에, 빌린 돈은 음수에 연결하는 것이다. 나는 1유로도 없는데 빚쟁이에게 1,000유로를 줘야 한다면, 나는 $-1,000$유로를 갖고 있다고 말할 수 있다. 아마도 그렇게 말하지 않겠지만, 개념은 어쨌든 분명하다.

이제 두 개념을 결합하면 어떻게 되는지 살펴보자. 내가 만약 매년 저축통장에 100유로를 입금하면(+100), 10년 후에는(+10) 현재보다 1,000유로를 더 가지게 된다. 플러스×플러스는 플러스. 이것이 몇 년 동안 계속된다고 해보자. 내가 한동안 돈을 입금한다면, 10년 전에는(−10) 지금보다 1,000유로 적게 가지고 있었을 것이다. 플러스×마이너스는 마이너스.

이제 이 계좌가 돌아가신 할아버지가 아주 오래전에 개설한 것이고, 이 계좌의 유일한 활동은 매년 세금을 내기 위해 100유로를 인출하는 것뿐(−100)이라고 해보자. 10년 후(+10)에 나는 지금보다 1,000유로를 더 적게 가질 것이다. 마이너스×플러스는 마이너스.

마지막으로, 향수에 젖어 과거를 돌이켜보자. 만약 내 통장에서 매년 100유로를 빼간다면(−100), 10년 전(−10)에는 내 저축계좌의 잔고가 얼마였을까? 지금보다 1,000유로 더 많았다는 데 모두 동의할 것이다. 이것이 가장 자연스러운 방식으로 나오는 '마이너스×마이너스는 플러스'다. 이제 의심할 수 없을 것이다. 돈 이야기를 하면 수학이 즉각적으로 훨씬 이해하기 쉬워진다는 것을!

평균에 주의하라!

나는 성가시기로 악명 높은 사람이다. "민주주의의 문제는 순전히 통계적이다. 유권자의 절반이 평균 이하 지능을 가지고 있다." 만약 이런 말을 듣는다면 나는 즉시 "평균이 아니라 중간값이지!"라고 반박한다. 내가 똑같은 것을 좀 더 수학적인 용어를 사용해서 말하는 것이 아니다. 평균과 중간값은 실제로 다른 개념이다.

더 안 좋은 것은 세 번째 용어인 최빈값(모드)을 추가해야 한다는 것이다. 이것은 봄-여름 컬렉션과 아무 관계가 없다. 그렇지만 아마도 하나의 예가 그들의 차이를 더 잘 설명하고, 당신이 처한 상황에 따라 어떤 용어를 쓰는 것이 더 정확한지 아이디어를 줄 것이다.

우리는 학교 교실에 있다. 모든 아이가 사탕을 갖고 있다. 그런데 어떤 아이들은 하나만 가지고 다른 아이들은 많이 가지고 있다면 어떤 일이 일어날까?

시나리오 1: 교사가 사회적 평등을 옹호하는 사람이어서 모든 사탕을 거두어 아이들을 한 줄로 세운 뒤 하나씩 나누어준다. 남김없이 다 나누어주면, 모든 아이가 전체의 평균에 해당하는 사탕을 가지게 된다.

시나리오 2: 교사가 마르크스 사회역학을 설명하고 싶어해, 사탕을 가장 적게 가진 아이는 왼쪽으로 가고 가장 많이 가진 아이는 오른쪽으로 가도록 한다. 한 명이나 두 명만 남을 때까지 다른 아이들도 같은 식으로 반복한다. 이 아이들이 가지고 있는 사탕의 수가 사탕 분포의 중간값이다.

시나리오 3: 교사가 텔레보팅에 참여할 기회를 놓치지 않는 사람이어서, 같은 수의 사탕을 가진 아이들끼리 그룹을 만드는 식으로 반을 여러 개의 그룹으로 나눈다. 이때 아이들의 수가 가장 많은 그룹의 아이들이 가지고 있는 사탕의 수가 사탕 분포의 최빈값이다.

읽는 동안 독자들의 마음속에 떠올랐을 몇 가지 의문에 대해 얼른 대답해보겠다.

• "시나리오 1에서 다른 아이들보다 사탕을 하나 더 가진 아이들이 있지 않을까?" 맞는 말이다. 사실 비록 전부 정수값으로 시작하더라도 평균은 분수값을 가

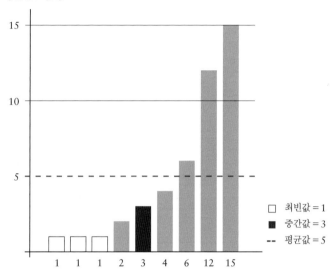

질 수 있다. 정말 중요한 것은, 평균이 의미하는 바는 '우리 모두 똑같아졌다'는 것이다.

• "시나리오 2에서 다른 수의 사탕을 가진 두 명의 아이가 남으면 어떻게 하지?" 한 아이는 한쪽으로, 다른 아이는 다른 쪽으로 보내고, 중간값은 그 두 값의 가운데 값으로 정의한다. 중요한 것은 중간값이 처음 그룹을 같은 크기를 가진 두 개의 그룹으로 나눈다는 것이다.

• "시나리오 3에서 같은 수의 아이가 있는 소그룹이 여러 개 있으면 어떻게 하지?" 이러한 분포를 단순히

다(多)모드(multimodal)라고 부른다. 최빈값은 유일하게 단일한 값을 가질 필요가 없는 종류의 평균이다.

수학자의 정신을 가진 누군가는 아마도 이렇게 물을 것이다. "왜 평균과 중간값과 최빈값이 서로 달라야 하죠? 같은 결과를 얻기 위해 다른 방법을 쓰는 것 아닌가요?" 똑똑한 질문이다. 농담이 아니다. 세 종류의 평균이 일치하는 경우가 많이 있다. 하지만 이 세 값이 다른 결과를 주는 원소의 집합을 고르기는 어렵지 않다. 그림에서 한 예를 볼 수 있다. 그들 사이에는 평균값이 중간값보다 작다든가 하는 특정한 관계가 전혀 없다. 그저 세 개의 독립적인 숫자일 뿐이다.

일단 평균, 중간값, 최빈값의 차이를 이해하고 나면, 주어진 상황에서 무엇이 필요한지 쉽게 알 수 있다. 만약 내가 마라톤 훈련을 하면서 매일 달린 거리를 표에 기록하거나, 벽난로에 쓸 땔나무를 한두 주 동안 모으고 있다면, 아마 나는 매일 실행한 것의 평균에 관심을 가질 것이다. 왜냐하면 그것이 그 수량과 좀 더 관련 있는 척도이기 때문이다. 반면에 인구에 대한 크기를 생각한다면, 좀 더 자연스러운 척도는 사탕의 예와 같이 중간값이어야 한다. 하지만 그렇지 않기도 하다. 왜냐하면 한 나라 사람들의 평균 소득에 대해 이야기할 때처럼, 실제로는 당신을 속이기 때문이다. 계산하기 쉬워서(총수입을 인구수로 나누기만 하면 된다) 이 방법을 쓰지만, 이것은 트릴루사의 반 마리 닭보다 훨씬 더 어리석은 척도다.[1] 믿을 수 없다고? 큰 방에 10여 명의 동료와 베를루스코니(또는 만약 정치에 대해 이야기하고 싶지 않다면 빌 게이츠)가 함께 있다고 해보자. 이 그룹의 소득 평균값과 중간값을 계산해본다면 중간값이 훨씬 더 적다는 것을 즉각 알게 될 것이다.

중간값, 또는 그것으로부터 파생된 값이 발견되는 실제적인 예는 신생아의 성장 도표에서 볼 수 있다. 당신의 아기가 50번째 백분위수(50%) 아래에 있다고 해서 어떤 문제가 있다는 의미는 전혀 아니다. 정의에 따라 모든 아기의 50%는 50번째 백분위수 아래에 있고 나머지 50%는 그 위에 있다. 이 척도는 절대적인 것이 아니라 상대적이어서, 아기의 건강에 대해 그 어떤 것도 말해주지 않는다.

그렇다면 최빈값은? 무엇보다 당신은 최빈값, 또는 당신이 이걸 더 선호한다면 나오는 번호의 확률이 모두 같지 않은 복권에서 어떤 결과에 베팅할 것인지 알 필요가 있다.

---

1 이탈리아의 동요 〈트릴루사(Trilussa)〉에 한 사람은 하루에 닭을 한 마리 먹고 다른 사람은 한 마리도 못 먹을 경우, 평균적으로 그들은 하루에 닭을 반 마리씩 먹는다는 내용이 있다.

예를 들어 두 개의 주사위를 던진다면 12보다는 7이 훨씬 더 잘 나올 것이다. 다중 모드 분포는 우리가 데이터를 잘못 집계하고 있다는 것을 발견하도록 한다. 예를 들어 한 나라 사람들의 키를 측정할 경우, 높은 확률로 그래프에 두 개의 봉우리가 있음을 알게 될 것이다. 그래프를 남성과 여성으로 나누어 따로 만드는 게 더 낫다는 것을 분명히 해야 한다. 약간의 관심만 기울이면 중간에서 길을 잃지 않을 수 있다.

구거법

즉각 말해주겠다. 내 생각에 구거법(九去法, check of nines)은 극도로 과대평가되어 있다. 이것은 확실히 수 세기나 지난 오래된 것이다. 1478년 산술에 관해 이탈리아어로 인쇄된 최초의 책『주판의 예술(Larte de Labbacho)』에 이미 기술되어 있다. 나라면 즉각 교육 과정에서 삭제해버릴 것 중 하나다(아직도 어떤 선생님들은, 비록 보여준 뒤 곧바로 제쳐놓긴 하지만, 학생들에게 이걸 보여준다는 것을 발견했다). 왜냐하면 이것은 확신보다 번민을 더 많이 주기 때문이다.

그런데도 이전 세대 학생들에게 이 개념은 정말 인상적인 것으로 남아, 오늘날까지도 그것이 어떻게 작동하는지, 그리고 무엇보다 왜 어떨 때는 작동하지 않는지 묻는 사람이 있다는 것을 발견했다. 마침내 여러분은 수십 년 묵은 호기심을 만족시킬 수 있을 것이다.

우선, 구거법에 대해 간단히 알면 도움이 될 것이다. 예

$$
\begin{array}{r}
247 \times \\
53 \\
\hline
741 \\
1235 \\
\hline
13091
\end{array}
$$

247	13091
4	5
8	5
53	4 × 8

구거법의 예

를 들어 247×53=13,091과 같은 곱셈을 할 때, 계산하는 수들을 각 자릿수의 합으로 치환한다. 만약 얻어진 합의 자릿수가 한 자리 이상이면, 그것들을 더해 한 자릿수가 될 때까지 계속한다. 위 그림의 예에서는 2+4+7=13, 1+3=4; 5+3=8; 1+3+0+9+1=14, 1+4=5이다. 이제 인자들로부터 얻은 숫자를 곱하고(4×8=32), 필요하다면 그 결과의 자릿수를 더해 한 자릿수를 얻는다(3+2=5). 만약 이 숫자가 먼저 한 곱셈의 결과에서 얻은 수치와 다르다면 우리가 어디선가 실수했다는 것을 의미한다. 반면에 같은 결과를 얻었다면, 아마도 계산을 바로 했을 것이다.

계산되는 네 개의 숫자를 십자형 안쪽에 놓는다. 그림에 나타난 것과 같이 십자형에 놓인 숫자의 위치가 학교에서 가르치던 대로인지는 보장할 수 없다. 나 역시 이제 세부 사항은 잊어먹었다. 구거법은 덧셈, 뺄셈, 곱셈에 사용할 수 있다. 나눗셈의 경우에는 역순으로 계산해야 한다. 즉, 몫에 제수를 곱해 피제수를 얻는 식으로 검증해야 한다.

지금까지는 연습이었다. 이론적으로 말하면 구거법은 모듈러 연산(modular arithmetic)의 응용이다. 즉, 다른 일반적인 수학 책들에서 시계 산술(clock arithmetic)이라고 부르는 것이다. 요즘 젊은이들은 시계 대신 휴대전화를 사용하기 때문에 잊고 있을 것이다.

구거법은 사실 모듈로 9 연산을 하는 것에 불과하다. 즉, 찾은 숫자를 9로 나눈 나머지, 즉 모듈로 대체하는 것이다. 덧셈, 뺄셈, 곱셈에서의 모듈러 연산은 고전적인 연산과 완전히 같다. 그러나 당연히 만약 정답과의 차이가 모듈의 배수라면 결과가 잘못되었다는 것을 알아차리지 못할 수 있다.

그런데 왜 7이나 15가 아닌 구(9)거법일까? 간단하다. 10, 100, 1000, …… 등을 9로 나눈 나머지가 1이기 때문에, 숫자의 각 자릿수를 더하면 모듈로 9(9로 나눈 나머지)가 얻어진다. 당신이 무모한 사람이라면 직접 7이나 15로 나누어보라.

그러나 불행히도 모듈로 9 연산의 단순함은 큰 문제에 맞닥뜨린다. 만약 우리가 결괏값의 두 자릿수를 맞바꾼다거나(13,091 대신에 10,391), 부분 곱의 숫자들을 잘못 정렬한

$$247 \times$$
$$\underline{53}$$
$$741$$
$$\underline{1235}$$
$$13091$$

247	13091
5	1
9	1
53	5×9

다 해도, 정의상 모듈로 9의 나머지는 바뀌지 않아 오류를 알아차리지 못한다.

그렇다면 어떻게 이 문제를 극복할 수 있을까? 내가 해결책을 하나 갖고 있을지도 모른다. 십일(11)거법을 채택하는 것이다. 모듈로 11의 나머지를 계산하려면 좀 더 복잡하지만, 사실 그렇게 나쁘지는 않다. 주어진 숫자의 자릿수를 오른쪽부터 왼쪽으로 가면서 교대로 더하고 빼기를 해주기만 하면 된다. 만약 0보다 작아지면 당연히 11을 더해주면 된다. 그렇게 해서 얻은 나머지는 0부터 10 사이 숫자가 될 것이다. 위에 제시한 11거법의 예의 경우 두 자릿수를 바꾸거나 두 곱을 잘못 정렬하면 11거법을 통해 즉각 드러날 것이다. 별것 아닌 것 같은가?

의심스러운 명성의 수

학교에서 여러 종류 수의 이름에 대해 배우면서 크게 신경 쓰지 않았을 수도 있지만, 그 이름 중 상당수는 별로 좋은 인상을 주지 못한다. 물론 살아 있는 숫자, 아니 자연수가 있고, 유리수까지는 어쨌거나 그런대로 잘 통한다. 하지만 무리수와 허수는 어떤가? 나는 왜 그렇게 그것들을 싫어할까? 그 역사는 처음 접했을 때 드는 생각보다 더 복잡하다. 가끔은 비난 경쟁이라도 하는 것 아닌가 궁금할 때가 있다.

유리수(有理數)와 무리수(無理數)부터 시작하자. 그 이름 자체에는 긍정적이거나 부정적인 함의가 없었다. 라틴어에서 ratio는 '비(比)'를 의미한다. 그래서 어떤 수가 있을 때 두 정수의 비로 나타낼 수 있으면 유리수이고, 그렇지 않으면 무리수였다.

그리스인들이 모든 수가 유리수는 아니라는 사실을 발

견했을 때 몹시 화났던 것은 사실이다. 그 충격으로 인해 그들은 산술이 아니라 기하학에 근본적인 바탕을 두기로 결정했다. 이 탁월한 생각에 따르면 $\sqrt{2}$가 두 숫자의 비는 아닐 수 있지만, 적어도 길이가 $\sqrt{2}$인 선분을 그릴 수는 있었기 때문이다.

그러나 불행히도 ratio라는 단어는 '이성(reason)'이라는 의미도 지니고 있어 무리수(irrational number)는 '비이성적인(unreasonable)' 것이 되었다. 그 자체로는 아무 잘못이 없지만, 나쁜 평판을 가지게 된 불쌍한 음수(陰數)에도 비슷한 일이 일어났다. 왼쪽을 뜻하는 sinistro라는 단어는 '불길하다(sinister)'라는 의미가 있는 반면, '오른쪽에 있다(to be right)'는 긍정적인 의미가 있는 것과 조금 비슷한 경우다.

수학자들이 붙인 이름 중 실질적으로 최악은 허수(虛數)다. 우리는 여기에 책임 있는 사람의 이름을 알고 있다. 지롤라모 카르다노(Girolamo Cardano)다. 그는 3차 방정식 푸는 방법을 찾는 과정에서 작은 문제 하나를 알아차렸다. 풀이 과정 중에 '존재하지 않았던' 수, 즉 음수의 제곱근이 나타났던 것이다.

음수는 자기 자신과 곱하면 양수가 된다. 당연히 양수의 경우도 마찬가지다. 진짜 문제는 해가 세 개인 방정식의 경우 이런 수들이 나타나는 것이다. 다행스럽게도 마치 아무일 없는 것처럼 계산을 계속하면 이 존재하지 않는 수들은 끝에 가서 서로 상쇄되고 올바른 해에 도달했다. 매우 실용적인 사람이었던 카르다노는 결과만 괜찮다면 그 수들이 존재한다고 상상할 수 있다고 결정했다. 그래서 '실제'의 수(실수)에 대응해 상상의 수(허수)라는 이름이 붙게 되었다.

실수와 허수를 조금 억지스럽게 결합한 복소수에 대해서는 말하지 말자. 그게 그렇게 복잡할까? 전혀 그렇지 않다! 두 세기 넘게 정치적으로 올바른 방법으로 양수, 음수, 허수 및 복소수를 나타내는 간단한 방법이 발견되었으며, 그들을 더하는 것도 전혀 어렵지 않다. (물론 곱하는 건 어렵다. 하지만 그럴 일이 있기나 할까?) 그러나 선입견은 쉽게 없어지지 않는다.

재미있게도 19세기에 새로운 수의 클래스(class)에 이름을 붙였던 사람들은 자기 안에 영적인 정신을 갖고 있었음이 틀림없다. 정수 계수를 가진 다항방정식의 해로는 나타낼 수 없는 π라는 수를 초월(超越)수라고 부른 것은, 지름과 원주의 비(比)는 종이 위에 있는 것이지 하늘 높이 있는 것이 분명 아니라는 점을 고려하면, 꽤나 흥미롭다.

그러나 가장 재미있는 것은 초한수(超限數)의 역사다. 게오르크 칸토어(Georg Cantor)는 무한수에 명료한 정의를 부여하기 위해, 무한이 실제 값이 아니라 이상(idea)에 불과하다는 2,500년간의 수학을 내던져버리기로 결정했다. 그런데 그는 무한의 종류가 무한하다는 것을 발견했다. 신심 깊은 가톨릭 신자였던 그는 적잖이 당황했다. 무한자(無限者)인 하느님이 어떻게 많은 것 중 하나라고 생각할 수 있는가?

그것을 알아볼 방법은 하나뿐이었다. 훌륭한 독일인이었던 칸토어는 검사성성(檢邪聖省)에 직접 지침을 요청하는 편지를 보냈다. 그 편지를 휴지통에 던져버리지 않고 추기경 요하네스 밥티스트 프란젤린(Johannes Baptiste Franzelin)에게 전달한 교황청에 공이 돌아가야 한다. 추기경은 몇 번의 서신 교환 끝에 이렇게 답했다. "절대적 무한과 창조된 실질적 무한 또는 초한(超限)의 두 개념은 본질에서 다릅니다. 둘을 비교한다면, 첫 번째는 완전한 무한(eigentlich Unendliches)으로 특성화될 수 있는 반면, 다른 것은 부적절(uneigentlich)하거나 모호한 무한입니다. 제가 알 수 있는 한, 이런 식으로 생각하면 당신의 초한수[2] 개념에는 종교적 진리에 위험이 될 것이 전혀 없습니다." 그러므로 초한수는 신성 로마 교회의 세례를 받았다고 말하는 것이 적절할 것이다.

마지막으로, 1970년대에 존 호턴 콘웨이(John Horton

---

2 무한을 초월하는 수.

Conway)는 오름차순으로 배열할 수 있는 숫자들에 대한 '순서체(ordered field)'을 개발했다. 확신하건대 그것들이 어떻게 정의되는지는 알고 싶지 않을 것이다. 단지 그것이 무한대(infinity), 무한소(infinitesimal), 슈퍼실수(superrreal number), 초실수(hyperreal number)와 그 외 많은 것을 포함한다는 것만 알아두기 바란다. 그는 그것들을 초현실수(surreal number)라고 불렀다. 뒤샹(Duchamp)과 마그리트(Magritte)와 달리(Dali)는 기뻐했을 것이다!

1일까 아닐까?

통상적으로 초등학교에서 해결하지 못한 채 남겨두는 또 다른 의문은 0.999999……와 1이 같은가 아닌가 하는 것이다. 그 역사는 2,000년이 넘었으며, 엘레아의 제논 (Zenon of Elea)이 묘사한 아킬레스와 거북의 역설에서 시작되었다. 오늘날 인터넷에서 제논은 트롤[3]을 의미한다는 것을 유념하자. 처음에는 무해한 것처럼 보이는 질문으로 대화 상대를 어려움에 빠지도록 만드는 것을 즐기는 사람 말이다.

제논의 경우 상대는 여러 철학자였다. 그의 역설 중 가장 유명한 것은 빠른 발을 가진 아킬레스가 거북과 경주하게 된 일이다. 거북은 느려서 아킬레스의 10분의 1 속도로 달리기 때문에, 아킬레스는 거북에게 10분의 9스타디온[4]의 어드밴

---

3 troll. 부정적인 반응을 끌어낼 목적으로 화를 돋우거나 도발적인 글을 올리는 인터넷 이용자.
4 거리의 단위. 1스타디온은 약 185m.

티지를 준다. 두 주자는 출발대로 간다. 제자리에서, 차렷, 땅! 아킬레스는 얼마 지나지 않아 0.9스타디온을 달려 거북이 출발한 지점에 도달한다. 그동안 거북은 아주 천천히 0.09스타디온을 달렸고, 아킬레스는 단숨에 거기에 도달한다. 아킬레스가 달린 총거리는 이제 0.99스타디온이다. 그러나 그동안 거북은 또 움직여 0.009스타디온을 더 갔고 아킬레스는 번개처럼 따라잡았다. 그러나 거북은 또다시 움직여 갔다.

이제, 비록 이야기 속에서는 그럴 것으로 보이지 않지만, 실제 경주에서는 아킬레스가 조만간 거북을 따라잡고 추월하리라는 데 모두 동의할 것이다. 나쁜 소식은 그가 추월하기 위해선 먼저 따라잡아야 한다는 것이다. 그렇지만 어디에서? 0.999999……스타디온을 달린 뒤에도 여전히 뒤에 있다. 만나는 지점은 정말로 1스타디온일까? 대답은 "그렇다"이지만, 단순히 합의로서 그런 것이다.

이 결과를 받아들일 수 있는 확실한 증명을 찾은 것은 수십 년에 걸친 수학자들의 노력의 최고 정점이었으며, 마침내 리하르트 데데킨트(Richard Dedekind)가 실수(實數)를 정의하기 위한 절단 개념을 발전시켰다.

숫자들을 '절단'해, 한쪽에는 1보다 크거나 같은 수를 두고 다른 쪽에는 1보다 작은 수를 둔다면 그사이에는 아무것도 없다고 확신할 수 있다. 그러나 인정하자. 우리는 분명 이야기 속에서 말하는 것처럼 무한한 수의 행동을 수행할 수 없다. 물리학자들은 플랑크 거리라는 (작은) 양이 존재하고 그것보다 작은 거리를 이야기하는 것은 아무런 의미가 없다고 말한다. 그리고 만약 당신이 이 경우를 보는 다른 방식을 선호한다면, 0.999999……=1로 두고 양변에서 0.999999……를 빼라. 0=0.000000……을 얻는다. 이러면 문제는 전혀 다른 측면을 취하고, 훨씬 다루기 쉬워진다는 데 동의하는지?

물론 그렇지 않다고 결정할 수도 있다. 1960년대에 수학자 에이브러햄 로빈슨(Abraham Robinson)은 비표준 해석으로 알려진 이론을 개발했다. 거기서는 0.999999……가 정확히 1이 아니다. 또는 당신이 선호한다면, 0.000000…… 이라는 수가 있고, 이것은 0이 아니며 모든 양수보다 작다.

이러한 수의 예를 또 하나 들자면 원주와 접선 사이 각도다. 분명히 0은 아니지만, 0보다 클 수도 없다. 그렇지 않으면 접선은 더는 접선이 아닐 것이기 때문이다. 우리끼리 이야기지만, 그게 그리 중요한가?

그러나 1.000이 정확히 1과 같지 않다는 것을 아는 것은 아마도 모르는 것보다 나을 것이다. 사실 처음 숫자의 경우, 누가 썼건 소수점 아래에 쓸모없어 보이는 0을 세 개 쓴

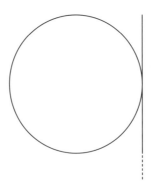

선과 원 사이 각도는 얼마일까?

것은, 측정을 실제로 수행했으며 결괏값이 0.999보다는 크고 1.001보다는 작은 것이 확실하다는 사실을 나타내기를 원하는 것이다. 이를테면 만약 내 허리둘레가 1m라고 말한다면 내가 약간 과체중이라고 상상할 수 있겠지만, 그것이 99.7cm였다 해도 아무도 놀라지 않을 것이다. 반면에 파이프의 길이가 1.000m라고 씌어 있는 것을 본다면 길이의 오차가 1mm 미만이라는 것을 확신할 수 있다.

수학 이론(여기서는 1이 1.000과 같다)과 실제의 차이를 눈치챘는가? 이제 당신은 더는 학교에서 수학 시험을 보지 않는다는 것을 기억하라!

로그

어떤 목적을 위해 태어났지만, 시간이 지나면서 완전히 다른 목적을 얻는 것들이 있다. 전혀 이상한 것이 아니다. 유명한 말에 따르면, "우리가 못을 박아야 한다면 우리 손에 든 모든 것이 망치처럼 보일 것이다". 그러나 못을 박아야 할 때를 제외하고는 어떤 도구가 망치가 될 수 있다는 것을 알아차리는 사람이 거의 없다. 로그의 경우가 그중 두드러진 예다. 학교에서 우리는 오늘날 완전히 쓸모없어진 원래 동기는 알지 못한 채 로그를 계속 공부한다. 그것은 다른 목적으로는 정말 편리하지만……. 처음부터 시작하는 게 낫겠다.

로가리듬(logarithm)이라는 이름 때문에 그렇게 생각할 수도 있지만, 로그는 고대 그리스인들이 만든 것이 아니다. 또한 알고리즘이라는 말과 음이 유사하지만 아랍인들에 의해 도입된 것도 아니다. 그것은 사실 17세기 초 갈릴레오가 과학적 방법을 도입하던 당시, 스코틀랜드처럼 전혀 그럴 법하지 않은 장소에서, 더 그럴 법하지 않은 존 네이피어 남작(Baron John Napier) 같은 인물에 의해 정의되었다. 당시 그는 계시록의 주해와 적그리스도가 베드로의 보좌에 있었다는 사실에 대한 글을 쓴 사람으로 알려져 있었다.

공식적으로 로그는 지수 연산의 역연산이며 부수적으로 근의 추출과 관련이 있다. 만약 $10^3 = 1000$이라면, 1000의 세제곱근이 10이라는 것을 알고 밑이 10일 때 1000의 로그값이 3이라는 것도 안다. 무엇보다 우리는 두 개의 역연산을 갖고 있다. 왜냐하면 10^3이 3^{10}과 같지 않기 때문이다.

그러나 이것은 네이피어가 관심을 두었던 것이 아니다. 그는 곱을 합으로 변환하고, 나눗셈을 뺄셈으로 변환하기 위해 로그를 개발했다. 거기에는 어떤 수의 로그와 그 역을 찾기 위해서는 로그표(아직도 있을까?)를 지니고 있어야 한다는 대가가 따랐다. 당신이 학교에서 어떤 수의 거듭제곱 두 개를 곱할 때 지수들을 더해서 구했다는 것[5]을 기억하는지 모르겠다. 흠, 그게 바로 핵심이다.

계산기(calculator)가 종이와 펜으로 계산하는 사람을 의미했던 지난 세기 중반까지는 로그를 사용할 수 있다는 사

---

5 $a^x \times a^y = a^{x+y}$.

실이 큰 도움이 되었다. 피에르 라플라스(Pierre Laplace)는 로그가 천체의 궤도를 훨씬 빠르게 계산하도록 했다는 점에서, "천문학자들의 수명을 두 배 늘어나게 했다"라고 말했다. 그 이래로 공학자들은 계속해서 로그를 다루어야 했다. 계산자(slide rule)는 로그 스케일 눈금이 새겨진 두 개의 슬라이드 막대를 사용해 해당 숫자의 곱셈을 할 수 있게 했다. 그러나 오늘날 천문학자들은 셀 수 없이 많은 소프트웨어를 가지고 있으며 로그는 계산기에 있는 키 하나에 지나지 않는다.

그런데 알고 있으면 최소한 비문(碑文)을 읽는 척이라도 할 수 있는 라틴어보다 더 쓸모없는 것을 공부하는 이유는 무엇일까? 대답은 간단하다. 크기 정도를 다루는 법을 알 수 있기 때문이다. 우리가 과거에 사용했던 숫자들은 큰 노력 없이 다룰 수 있었다. 1년에 365일은 이미 너무 큰 것이었기 때문에 월(月) 단위로 재는 것을 더 선호했다. 그러나 요즘에는 수백만에서 수십억이 마구 쓰이고 있다.

이탈리아의 공공 부채가 2조 유로(더 이상 리라를 사용하지 않는 것이 다행이다. 왜냐하면 리라로 하면 4,000조이기 때문이다)의 분기점을 돌파했다고 할 때, 우리는 누구도 그 숫자가 실질적으로 무엇인지 알지 못한다. 그들이 그것을 '2,000억'이라고 말했더라도 결과는 같았을 것이다. 그러나 그 수를

2×10^{12}이라고 써보자. 공학용 계산기에서는 2E12로 보인다. 이제 12는 밑이 10일 때 1조의 로그값이고, 확실히 더 다루기 쉬운 수다. 물론 일은 그리 간단하지 않다. 예를 들어 12에서 13으로 가는 것은 10배를 의미하지 얼마를 더하는 것이 아니다.

요컨대 연습이 필요하다. 그럼에도 일단 로그를 배워서 옮길 수 있으며, 값을 쉽게 추정할 수 있고, 무엇보다 곱셈과 나눗셈이, 앞서 말했듯이, 덧셈과 뺄셈으로 바뀐다. 예를 들면 우리 각자가 지고 있는 이탈리아 공공 부채 분담액은 얼마나 될까? 인구가 6,000만 명이므로 6×10^{7}이다. 분담액은 2를 6으로 나누어 1/3을 얻고, 12에서 7을 빼면 5가 남는다. 결괏값은 $1/3 \times 10^{5}$, 즉 10만의 1/3이므로 약 33,000유로가 된다. 여기에 마침내 조금 혼란스럽긴 해도 이해할 수 있는 숫자가 나온다. 요약하자면, 로그로는 일정한 차이 대신 일정한 비(比)를 갖고, 나누는 대신 뺀다.

마지막으로, 만약 로그 스케일을 쓰는 것이 부자연스럽다고 생각된다면, 우리의 내부 감각기관은 바로 상대적인 차이가 아닌 상대적인 비율 방식으로 작동한다는 걸 알아야 한다. 예를 들어 별의 크기 즉 별의 겉보기 밝기는 베가성(星)에 0등급의 값을 부여하고 그보다 100배 어두운 별에 5등급을 부여하는 식으로 정의된다. 소리의 세기의 비가 1대

10인 두 소리 간에는 10dB(데시벨) 차이가 난다. 리히터 규모는 1도의 차이가 방출된 지진 에너지의 비가 약 31.6, 즉 1000의 제곱근과 같도록 조정되어 있다. 요컨대 로그를 다룰 줄 아는 것은 실제로 유용할 수 있다.

너무 많이 성장

신문기자들은 종종 지수 성장에 관해 이야기하기를 좋아한다. 특히 무언가 크게 잘못되고 있다고 말하고 싶을 때 그렇다. 알아차렸겠지만, 기하급수적으로 증가하는 것은 결코 월급이 아니라 지출이며, 녹지가 아니라 범죄이며, 일자리가 아니라 세금이다. 그러나 유감스럽게도 위에서 예로 제시한 것들은 대부분 지수적인 성장이 전혀 아니다. 이것은 그리 이상하지 않다.

사실 수학과 물리학에서는 지수 함수가 매우 일반적이다. (예를 들면 두 개의 전봇대에 매달린 가벼운 전선이 이루는 곡선을 현수선이라고 하는데, 이것이 두 개의 지수 함수 곡선의 결합이라는 것을 아는지?) 그러나 그것을 알아보기 위해서는 훈련이 필요하다. 아마도 기초부터 시작하는 것이 나을 것이다. 그러니 그 값이 시간에 따라 변하는 함수 중 시각화하기 쉬운 것부터 살펴보자. 가장 간단한 것, 즉 선형 성장으로 시작하자.

간격이 같을 때 두 값의 차이도 항상 같으면 함수는 선형 성장을 한다고 말한다. 시속 50km의 일정한 속도로 간다고 상상해보자. 1시간에 50km이면 2시간에 100km이고, 3시간이면 150km를 갈 것이다. 해당 그래프를 그리면 직선을 얻는다. 만약 보행자는 시속 5km로 가고 비행기는 시속 500km로 간다면, 각각의 경우 선형 성장을 하고 그래프로 보면 더 기울어지거나 덜 기울어진 직선이 된다.

그런데 다른 유형의 성장이 있다. 만약 속도가 선형적으로 증가한다면, 그래서 차가 1분 후에는 시속 10km로 가고, 2분 후에는 시속 20km, 3분 후에는 시속 30km와 같은 식으로 계속 달릴 수 있다면, 이차함수 성장을 얻을 것이다. 짧은 시간에는 선형 성장보다 더 작을지 몰라도 이것은 분명 선형 성장보다 더 크다. 그러나 컴퓨터 과학자에게는 아주 빠르게 성장하지 않는다는 점에서 둘이 크게 다르지 않다.

반면 지수 성장은 완전히 다른 유형이다. 이것을 정의하는 가장 간단한 방법은 선형 성장과 비슷하다. 그러나 같은 간격일 때 변하지 않는 것은 함숫값의 차이가 아니라 비(比)다. 그리고 이것은 작은 차이가 아니다! 꽤 잘 알려진 문제가 있다. 아메바 배양액은 매일 두 배로 늘어나 10일이면 배양 용기를 가득 채운다. 만약 후속 실험에서 하나가 아닌

두 개의 아메바로 시작하면 용기를 채우는 데 며칠 걸릴까? 속으로 선형 성장을 생각한 사람들은 "5일"이라고 답할 것이다. 초기 수량을 두 배로 늘리면 시간이 절반으로 줄어들기 때문이다. 그러나 옳은 답은 "9일"이다. 새로운 실험을 처음 실험보다 하루 늦게 시작한다고 하면, 그날 양쪽 용기 모두에는 아메바가 두 개 있으리라 생각하는 것으로 충분하다. 다른 관점에서 보는 것을 선호한다면, 배양액이 용기 절반을 채우는 데 9일이 걸리고 나머지 절반을 채우는 데는 하루밖에 걸리지 않는다. 이건 엄청난 성장이다!

문학에서 지수 성장의 다른 예를 보면 레몽 크노(Raymond Queneau)의 책 『백조(百兆) 편의 시(Cent mille milliards de poèmes)』를 들 수 있다. 여기에는 단지 10페이지만 있고, 각 페이지는 14줄의 수평 스트립으로 나누어져 있으며, 각 스트립에는 소네트 한 행이 있어, 어떤 페이지의 스트립을 선택하더라도 형식적으로 올바를 뿐 아니라 의미도 통하는 소네트가 되도록 구성되어 있다. 140개의 행으로 이루어져 있지만 가능한 시는 100조(10^{14}) 개가 된다. 무작위로 행을 선택하면 십중팔구는 아무도 읽지 않은 시를 얻을 수 있을 것이다.

물론 모든 지수 성장이 그렇게 폭발적인 것은 아니다. 예를 들어 증가율이 연간 0.1%라면 상당 기간 지수적 증가

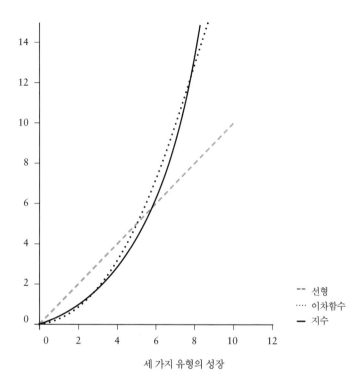

세 가지 유형의 성장

는 선형 증가와 구별되지 않는다. 그러나 충분한 시간을 기다리면 어떤 지수 성장도 선형 성장 또는 이차함수 성장을 뛰어넘을 것이다. 내가 위에서 언급한 비율이 1보다 크다면 당연히 진짜 성장이다. 그렇지 않다면 소멸이라고 말하는 것이 더 정확하다. 그러나 그것은 또 다른 이야기다(역시 아주 좋은 이야기이지만, 여기서는 주제를 벗어난다).

이것이 국가 GDP가 다시 매년 3%씩 성장한다는 희망이, 적어도 장기적으로는 엄청나게 유토피아적인 이유다.

24년이면 GDP가 두 배가 되는 것 때문이라기보다는 100년 후면, 같은 기간 3%의 선형 성장으로는 세 배 성장하는데 반해, 16배나 성장해야 하기 때문이다. 요컨대 이는 엄청난 차이다. 덧붙이자면 대부분의 경우 신문 기사에 삽입된 그래프는, 어떤 일이 일어나고 있는지 정확히 알기에 너무 적은 값들을 포함하고 있다. 심지어 앞 페이지의 그래프에서도 포물선과 지수 곡선은 상당히 비슷해 보인다. 아마도 기자들은, 달걀에 난 털을 응시하지 않고,[6] 무언가 엄청나게 성장하고 있음을 말하고 싶은지도 모르겠다. 당신은 그 거창한 말이 지수적(exponential)이라고 간주하고 싶은가?

---

6 사소한 일을 꼬치꼬치 따지지 않고.

2장

역설, 확률, 예측

천 명 중 한 명은 살 수 없다

알려지지 않은 테러리스트 집단이 바이러스 공격을 개시했다고 방금 발표했다. 그리고 당신은 1주일 이내 사망으로 이어지는 질병에 걸렸는지 확인하기 위한 검사를 받으라는 요청을 받았다. 알려진 바에 따르면 당신이 바이러스에 감염될 확률은 1,000분의 1이다. 검사 정확도는 99%인데, 이는 가짜 양성(안 아픈데도 양성 판정을 받는 경우)과 가짜 음성(아픈데도 음성 판정을 받는 경우)이 각각 1% 확률로 나온다는 의미다.

만약 당신의 검사 결과가 양성으로 나왔다면, 이제 서둘러 유언장을 써야 할 때라는 의미일까? 꼭 그런 것은 아니다! 당신이 질병에 걸렸을 실제 확률을 계산하기 위해, 100만 명의 사람이 그 검사를 받는 것을 상상해보자. 그들 중 1,000명은 실제로 병이 있을 것이다. 검사 결과 990명은 양성으로 나오고 10명(1%)은 음성으로 나올 것이다. 반면 아프지 않은 999,000명 중 9,990명은 양성으로, 나머지는 음성으로 나온다. 이제 검사 결과 양성이 나온 사람만 고려해보자. 건강한 사람의 수는 감염된 사람의 열 배다. 따라서 병에 걸린 것은 11건 중 1건이고, 9%가 조금 넘는다. 이 비율은 며칠 밤 잠 못 이루기에는 충분히 높지만, 테스트의 99% 효율을 고려할 때 누구나 두려워할 정도로 확실한 것과는 거리가 매우 멀다.

나는 방금 사후 확률 계산의 전형적인 예를 보여주었다. 이것을 베이지안 확률(Bayesian Probability)이라고도 하는데, 이것을 이야기한 토머스 베이즈(Thomas Bayes) 목사의 이름을 딴 것이다(실제로는 베이즈가 죽고 2년 후인 1763년에 그의 친구 리처드 프라이스Richard Price가 그 주제에 관한 첫 번째 논문을 발표했다).

일반적으로 우리가 하는 첫 번째 추정은 선험적 확률이다. "X(질병에 걸리는 것)가 발생할 확률은 얼마인가?" 사후 확률로 우리는 추후 사실들을 더해 최초의 추정치를 개선한다. "Y가 발생했음을(검사 결과가 양성) 알 때 X(질병에 걸림)가 발생할 확률은 얼마인가?" 이것을 계산하려면 Y와 X 사이의 상관관계, 즉 X의 결과로서 얼마나 자주 Y가 일어나는지 알아야 한다. 상관관계가 완벽하다면, 즉 테스트가 절대 잘못되지 않는다면, 설명은 간단할 것이다. 아플 확률은 실제로 확실한 것이다. 상관관계가 0이라면, 즉 테스트가 추가 정보를 전혀 제공하지 않을 정도로 엉터리인 경우(그렇다면 검사하느라 시간을 낭비하지 않는 편이 나을 것이다)라면, 질병 확률은 선험적 확률과 같은 1,000분의 1이다. 그 사이라면 베이즈 공식을 기억하고 있을 경우 공식을 써서 계산하고, 아니면 내가 한 것처럼 계산해야 한다. 많은 수의 예를 가정해서 무슨 일이 일어나는지 보는 것이다.

선험적 확률과 사후 확률을 구분할 줄 아는 것은 실생활에서 대단히 중요하다. 범죄자와 검사를 받는 사람 사이의 양립 가능성을 계산하는 DNA 검사를 예로 들어보자. 이탈리아만 해도 99.99%의 양립 가능성을 가진 사람이 6,000명에 달한다. 따라서 결과를 함부로 사용해서는 안 되며, 반드시 다른 선험적 단서와 함께 사용해야 한다. 안타깝게도 이러한 세부 사항은 종종 미디어뿐만 아니라(이것만 해도 이미 심각하지만), 종종 당면한 문제의 실제 확률을 이해하는 데 필요한 수학적 지식을 가지지 못한 판사들에 의해서도 간과된다.

또 다른 예를 들어보자. 야라 감비라시오[1]의 살인범을 찾기 위해 베르가모에 사는 성인 남성의 DNA 샘플 2만 개

---

1 2010년 11월 26일 저녁, 열세 살에 살해당한 소녀.

가 수집됐다. 오류 확률이 0.01%라고 한다면 통계적으로 양립하는 사람이 2명 있다는 것을 의미한다. 아마도 1명이나 3명이 발견될 수도 있다. 이럴 때 어떻게 할 것인가?

일부 인류학 연구에서 인간은 사후 확률을 계산할 필요가 없는 압력의 충동 아래에서 진화했다고 주장한다. 만약 당신이 사나운 이빨을 가진 호랑이와 맞닥뜨린다면 그것이 방금 식사했는지 안 했는지 계산하려고 하지 않을 것이다. 그저 도망치는 걸로 충분하다. 따라서 우리는 '베이지안 직관'을 가지고 있지 않다. 중요한 것은 그런 유형의 상황에 처했는지 아는 방법을 배우고 침착하게 결과를 계산하기 시작하는 것이다.

마지막으로 한 번 더, 확률을 조심스럽게 다루는 것이 왜 필요한지 보여주는 간단한 문제가 있다. 껍질이 없는 10kg의 수박은 99%가 물이다. 그러나 햇볕에 방치하면 약간 말라서 이제는 물이 98%에 불과하다. 지금 무게는 얼마일까? 9.5kg일까? 아니면 더 무거울까? 계산해보면 아마 놀랄 것이다. 힌트? 물이 아닌 부분의 무게는 여전히 100g이다.[2]

---

2 답은 4.9kg이다.

두 봉투의 역설

카를로와 알리체가 과학 실험에 초대되었다. 테이블 위에 두 개의 봉투가 놓여 있고 두 친구는 각자 하나씩 가져간다. 이어서 서로 연락할 수 없도록 격리된 뒤 봉투를 열어보라는 요청을 받는다. 그 안에는 수표와 쪽지가 들어 있다. 쪽지에는, 둘 중 어느 것인지는 명시하지 않고, 두 봉투에든 수표 중 하나는 다른 것보다 두 배의 가치가 있다고 설명되어 있다. 그런 다음 연구원이 그들에게 자신이 가진 봉투를 친구 것과 바꿀 것인지 아닌지 묻는다. 어떤 전략을 따르겠는가?

알리체가 고른 봉투에 든 수표가 a유로라고 가정해보자. 이 시점에서 그녀는 다음과 같이 추론할 수 있다. "내가더 가치 있는 봉투를 가질 확률은 50%다. 봉투를 바꾸면 $a/2$유로밖에 안 된다. 그러나 내가 더 적은 액수의 수표가든 봉투를 가질 확률 역시 50%다. 그러므로 봉투를 바꾸면

2a 유로를 가질 것이다. 두 경우의 확률은 같으므로 봉투를 바꿀 경우 평균적으로 (5/4)a유로를 벌게 된다. 따라서 봉투를 바꾸는 편이 낫다."

그러나 봉투 속에서 b유로를 발견한 카를로도 정확히 똑같은 추론을 할 것이고, 그 역시 봉투를 변경함으로써 얻는 평균 수입은 현재의 b유로에 대해 (5/4)b유로가 된다. 봉투를 바꾸는 것이 둘 모두에게 어떻게 이익이 될 수 있는 것일까?

이 역설을 해소하는 가장 간단한 방법은 수표에 무작위로 선택된 한 쌍의 값이 있다고 가정하는 것이다. 다만 그 값은 어떤 특정한 값보다 작다. 명확한 아이디어를 얻기 위해 100유로라고 가정해보자. 이 말은 더 적은 가치를 가진 수표는 1센트에서부터 50유로 사이 값을 가지고, 다른 수표는 2센트에서부터 100유로 사이 값을 가지리라는 것을 의미한다. 0인 경우는 제외할 수 있다. 0은 두 배를 해도 0이므로 봉투를 바꾸건 말건 상관없다. 만약에 연구원들이 그러한 종류의 속임수를 시도한다면 시간만 낭비할 것이다.

그러니 누군가 90유로의 수표를 발견하면 그의 수표가 더 높은 액수의 수표라는 것을 알고 있으므로 봉투를 바꾸지 않을 것이 확실하다. 따라서 우리는 두 경우 사이에 차이를 만들어냈으며, 더 이상 두 경우가 같은 확률을 가지고 있다는 것은 사실이 아니다.

꼼꼼하게 따지기 좋아하는 사람이라면, 누군가 42.85유로 수표를 발견하면 0.5센트는 없으므로 그가 가진 것이 더 낮은 가치의 수표라는 것을 알 수 있다고 덧붙일 수 있겠다. 그러나 수학자는 그런 사람을 안 좋게 보면서 숫자를 반올림하는 것은 은행의 문제지 연구원의 문제가 아니라고 언급할 것이다. 그리고 만약 그 상황이 마음에 들지 않으면, 연구원들이 짝수 센트의 수표만 사용할 만큼 교활하다고 상상해보라. 물론 당신 모르게⋯⋯.

더 일반적인 경우, 난 계산할 생각이 조금도 없지만(정말 원한다면 위키피디아에서 볼 수 있다), 수학적으로 증명할 수도 있다. 만약 봉투에 든 수표가 n유로와 N유로 사이의 값을 무작위로 가진다는 것을 우리가 사전에 알고 있고 우리의 눈치가 매우 빠르다면, $2n$유로보다 적은 금액의 봉투는 바꿔달라고 하고, $N/2$유로보다 많은 금액의 봉투는 그냥 가지고 있고, 그 외 다른 경우에는 봉투를 가지고 있거나 바꾸는 게 별로 상관없다는 것을 알 것이다. 그러면, 주어지는 최대 합을 알 수 없는 경우의 답을 구하기 위해, n을 0으로 낮추고 N을 무한대로 해도 될까? 안 된다. 왜냐하면 무한대의 절반은 여전히 무한대이므로, 언제 당신이 더 큰 값의 수표를 가졌는지 확실히 알 수 없기 때문이다.

어떻게 역설을 해결할까? 글쎄……. 처음에 나온 알리체와 카를로의 추론은 모든 돈의 가치가 같은 확률로 봉투에 쓰인다고 전제하고 있으므로, 잠재적으로 합이 무제한일 경우에는 적용할 수 없다. 왜냐하면 경우의 수가 무한한 경우 각 확률은 0이어야 하기 때문이다. 막다른 상태를 빠져나오는 가장 좋은 방법은 '시스템에서 빠져나오는' 것이다.

밖에서 바라봤을 때 우리는 봉투에 쓰인 값의 합이 $3a$라는 것을 알고 있다. 따라서 두 참가자 중 한 명은 봉투를 바꿈으로써 a를 벌 것이고(따라서 상금이 두 배가 되지 않는다), 다른 사람은 a를 잃을 것이다(즉 상금이 절반이 되지 않는다). 계산이 바르다는 것을 알겠는지?

페니의 게임

동전의 앞면이냐 뒷면이냐를 두고 하는 게임은 짧지만 강렬한 긴장감을 준다. 한 번 던지는 것으로 승부가 결정된다. 좀 더 오래 지속되는 즐거움을 원하는가? 여기 친구에게 제안할 변형이 있다. 하나의 동전을 세 번 연속 던지면, 8가지 구별되는 결과를 얻을 수 있다. 앞면을 T[3]라 하고 뒷면을 C[4]라고 하면, 그 결과는 TTT, TTC, TCT, TCC, CTT, CTC, CCT, CCC이다. 친구(A)에게 이들 중 무엇이든 하나의 삼중항을 고르게 하고 당신(B)이 다른 것을 고른 다음 게임을 개시할 수 있다. 동전을 던져서 나오는 면(T와 C)을 이어서 기록하다, 선택한 삼중항이 먼저 나오는 참가자가 승리한다. 그게 전부다. 어려운 것은 당신과 대적할 머리 나쁜 사람을 찾는 것이다.

---

3 testa. 동전의 앞면.
4 croce. 동전의 뒷면.

A의 선택	B의 선택	B가 이길 확률
TTT	CTT	87.5%
TTC	CTT	75%
TCT	TTC	66.7%
TCC	TTC	66.7%
CTT	CCT	66.7%
CTC	CCT	66.7%
CCT	TCC	75%
CCC	TCC	87.5%

페니의 게임에서 이길 확률

첫 번째 참가자가 몇 가지 선택을 피해야 하는 것은 명백하다. 예를 들어 위의 표기법에 따른 TTT를 선택했다고 가정해보자. 그가 정말로 운이 좋거나 동전이 조작된 경우, 처음 세 번의 동전 던지기에서 세 번 다 앞면이 나와 첫 번째 참가자가 이길 것이다. 공정한 동전으로 했을 경우, 이것은 여덟 번에 한 번꼴로 일어나야 한다. 만약 이런 행운이 일어나지 않는다면 어떻게 될까? TTT가 여섯 번째와 여덟 번째 동전 던지기 사이에 발생했다고 가정해보자. 그리고 뒤로 돌아가서 다섯 번째 던지기를 보자. 앞면(T)일 수 있을까? 아니다. 왜냐하면 만약 그랬다면 일곱 번째 던지기에서 세 번 연속 앞면이 나와 멈췄을 것이다. 따라서 우리는 다섯 번째 결과가 뒷면(C)이라는 것을 알 수 있고, 결과적으로

CTT 조합을 선택했더라면 우리가 이겼을 것이다. 이 추론은 처음에 예로 든 운이 좋은 경우를 제외하면 항상 유효하다. 따라서 CTT를 선택한다면 평균적으로 여덟 번 중 일곱 번을 이길 것이다.

맞다. 이건 아마도 특별한 경우다. 어쨌든 TTT 조합은 특수한 경우니까. 그러나 그렇지 않다. 상대방이 처음에 어떤 조합을 선택하더라도 앞의 표에서 볼 수 있듯이, 승리 확률이 50%가 넘는 조합을 선택할 수 있다. 어쨌든 모든 것보다 더 나은 조합은 없다. 다음 페이지의 그림에서 화살표는 처음 조합이 다음 조합보다 더 강하다는 것을 나타낸다. 따라서 그 어떤 조합보다 낮지 않은 TTT와 CCC 같은 선택은 별도로 하더라도, 결과가 번갈아 나오는 조합들도 반드시 이기는 선택은 없으며, 대신 사이클이 있을 뿐이라는 것을 볼 수 있다. 이런 경우를 수학자들은 '비이행적(非移行的) 또는 비추이적(非推移的) 순서 관계(non transitive order relation)'라고 말한다.

일반적으로 우리는 A가 B보다 크고 B가 C보다 크면 A가 C보다 클 것으로 생각하는 데 익숙하지만, 여기에서 본 경우는 그렇지 않다. 이것은 이상한 것이 아니다. 이와 유사한 게임의 예를 다들 알고 있다. 가위바위보다. 바위는 가위를 이긴다. 바위는 가위를 부러뜨리기 때문이다. 가위는 보

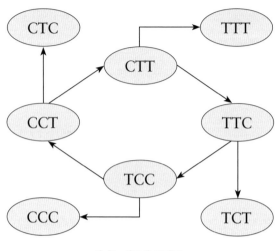

이기는 삼중항 그래프

(보자기)를 이긴다. 가위가 보를 자를 수 있기 때문이다. 보는 바위를 이긴다. 보자기는 바위를 감쌀 수 있기 때문이다. 다른 한편으로 게임에서 누가 이길지 이미 알고 있다면 무슨 재미가 있을까?

동전으로 하는 이 게임은 페니의 게임(Penny's game)이라고 불리며, 1969년『레크리에이션 수학 저널(Journal of Recreational Mathematics)』에 열 줄짜리 기사를 썼던 월터 페니(Walter Penny)의 이름에서 따왔다. 이것을 대중에게 알린 것은 언제나 그렇듯 마틴 가드너였다. 그는 1974년『사이언티픽 아메리칸(Scientific American)』에 게재한「수학적 놀이(Mathematical Games)」라는 칼럼에서 이에 대해 언급했다. 만약 당신이 상대방의 선택에 대응하는 조합을 암기하고 싶지 않다면, 캐나다 매니토바 대학의 배리 월크(Barry Wolk)가 개발한 기억 방법을 활용할 수 있다. 우리가 선택하는 첫 번째 항은 상대방의 두 번째 항과 반대를 택하고, 우리의 두 번째와 세 번째 항은 각각 상대방의 첫 번째와 두 번째 항과 같은 것을 택한다. 따라서 TTC를 상대해야 한다면 우리의 선택은 CTT가 될 것이다. 잘 (확률적으로) 이기기를!

심프슨의 역설

혹시 핑크 쿼터(le quote rosa, 여성 할당)가 이탈리아의 발명품이라고 믿지 않는가? 하지만 다른 많은 것처럼 이것도 미국에서 왔다. 미국은 거의 반세기 동안 이탈리아의 '긍정적 차별(discriminazione positiva)'에 해당하는 적극적 우대조치(Affirmative action, 적극 행동)의 개념을 이끌어냈다. 실제로 여성이나 비(非)백인(유색인종)과 같은 취약계층을 돕기 위해 역차별을 의도적으로 적용하고 있다.

미국인들은 이러한 문제를 진지하게 생각한다. 1973년 가을 UC 버클리 대학이 입학 지원에서 여성을 차별한 혐의로 고소당한 것을 생각해보라. 데이터는 명백했다. 지원한 8,442명의 남성 중 44%가 합격했지만 4,321명의 여성 중에는 35%만이 합격했다. 그 차이는 사소한 통계적 요동으로 정당화되기에 너무 컸다. 대학은 뭐라고 답변했을까? 그들은 학과별로 분류된 입학 데이터를 보여주었다. 데이터들을 보면, 평등한 대우와 관련해 실제로 차이가 있었다면 여성에게 유리했다는 것을 알 수 있다. 개별 부서의 통계는 차별의 흔적을 보이지 않았고, 오히려 학과 대부분이 남성보다 여성을 더 많이 받아들였다! 역설적이지 않은가?

그러나 더 나쁜 예가 있다. 2009년 미국 실업률이 10.2%로 올라갔다. 이에 많은 논평가가 1980년대보다 경기침체가 더 심했는지 조사한 결과, 그렇지 않다고 결론 내렸다. 그 이유는 1982년 말에는 실업률이 10.8%에 달했기 때문이다. 그러나 실업률을 세부 항목별(대학 학위자, 대학 경험이 있는 졸업생, 수료자, 비졸업자)로 나눈 것을 살펴보면 이러한 각 범주에서 실업률은 27년 전보다 높은 것으로 나타났다.

버클리 입학과 실업률은 빈번하게 발생하는 상황의 가장 두드러진 사례일 뿐이며, 심프슨의 역설(Simpson's paradox)로 알려져 있다. 에드워드 심프슨(Edward Simpson)이 1951년에 이것을 처음 관찰한 사람보다 반세기 늦게 발표했지만, 운 좋게도 이 현상에는 그의 이름이 붙었다. 개념에 이름을 붙이는 것이 그것을 설명한다는 의미는 분명 아니다. 버클리의 경우로 돌아와서, 여성보다 남성의 입학 지원이 더 많았기 때문에 역설이 발생했다고 생각할 수 있다. 다시 생각해보면 그것은 이유가 될 수 없는데, 결국 우리는

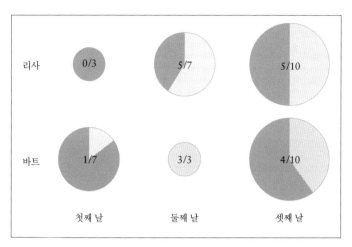

<table>
<tr><td>리사</td><td>0/3</td><td>5/7</td><td>5/10</td></tr>
<tr><td>바트</td><td>1/7</td><td>3/3</td><td>4/10</td></tr>
<tr><td></td><td>첫째 날</td><td>둘째 날</td><td>셋째 날</td></tr>
</table>

누가 최고인가?

절대적인 수치가 아닌 백분율에 대해 생각했기 때문이다. 그러나 이 간단한 예에서 볼 수 있듯이 직관은 그렇게 잘못되지 않았다.

어떤 기술 경연 대회에서 바트와 리사는 이틀 동안 각자 열 대의 컴퓨터를 수리해야 한다. 첫날 리사는 세 대의 컴퓨터를 고치려고 했지만 한 대도 고치지 못했다. 반면 바트는 일곱 대 중 한 대를 고쳤다. 최상의 결과는 분명 아니지만, 확실히 바트가 더 낫거나 최소한 덜 나쁘다. 둘째 날에는 성공률이 크게 향상되어 바트는 나머지 세 대의 컴퓨터를 모두 수리했고, 리사는 일곱 대 중 다섯 대를 수리했다. 둘째 날 역시 바트의 수리 비율이 더 높다. 그래서 그가 최종 승자일까? 합계를 내보자. 바트는 열 대 중 네 대를 수리했고, 리사는 다섯 대를 수리했다. 심프슨의 역설(혹은 여기서는 심프슨네 역설)이 다시 나타났다. 최고의 수리자는 리사다. 어떻게 된 거지?

이제 마침내 무엇이 역설을 유발하는지 분명해졌다. 부분 비율은 실제로 바트에게 유리하다. 하지만 백분율을 너무 함부로 사용하면 데이터가 균질화되어버린다. 실제로 둘째 날 바트가 승리한 것은 그가 일을 조금만 했기 때문이다. 수리된 컴퓨터의 절대 수를 살펴보면 리사가 훨씬 더 나은 결과를 보인다. 리사는 첫날의 차이를 (절댓값에서도) 따라잡을 수 있고 최종 승자가 된다.

처음에 들었던 버클리 입학 사례로 돌아가보자. 더 자세한 연구는, 여성들은 인문학과에 지원하는 경향이 있어 이 학과들은 매우 인기가 높아 많은 지원자가 떨어진 반면, 남성들은 지원이 적었던 과학 분야를 선호해 입학이 더 쉬웠다는 것을 보여준다. 실업 통계의 경우, 1982년에서 2009년 동안 교육 수준이 상승해 전역(全域, global) 통계가 왜곡된 것이다.

그러나 결국 고려해야 할 올바른 데이터는 무엇인가 물을 수 있다. 글로벌한 것인가, 아니면 부분적인 것인가? 대답은 "상황에 따라 다르다"이다. 리사와 바트의 예에서 중요한 것은 분명 최종 결과다. 이틀 동안 작업을 나누는 것은 상관없기 때문이다. 버클리 입학에 관해 대학은 잘못이 없다. 왜냐하면 개별 학과들이 통계적으로 남성에게 유리하도록 편향되지 않았기 때문이다. 그러나 더 높은 수준에서, 여성에 대한 차별과 맞서 싸우기 위해 여성들도 전통적으로 남성적인 분야에 몸담을 수 있음을 확신할 필요가 있다고 주장할 수는 있다. 끝으로 미국의 실업률에 대해서는, 정치가들이 각자 자기에게 편리한 문구만 선택하는 게 아닌지 의심이 든다. 그러고서 그들은 말한다. "수학은 의견이 아니다!"

벤포드의 법칙

당신은 세무 당국을 속이기 위해 유령 회사를 만들었고, 이제 100에서 100,000유로 사이 수치가 기재된 수천 개의 허위 송장을 만들어 국세청에 서류를 보내기만 하면 된다. 그렇다면 개별 송장에 어떤 값을 써넣어야 할까? 당신은 용의주도한 탈세자이며, 일부 잡지의 과학 보충 자료에서 우리가 진정으로 난수를 만들 수 없다는 내용을 읽었다. 그래서 random.org 사이트로 가서 그 범위 내에서 균등하게 분포한 976(이 또한 무작위로 선택한 숫자)개의 값을 생성한다. 이러면 모든 것이 완벽할까? 이탈리아에서는 그럴지도 모른다. 하지만 미국에서는 관련 기관에서 이런 유형의 사기 시도를 찾아냈다. 사실 송장이 진짜였더라면 값이 1로 시작하는 송장이 9로 시작하는 것보다 일곱 배 더 많았을 것이다.

이 모든 것 아래에 있는 것은 무엇일까? 벤포드의 법칙이다. 수학에서 법칙이라는 명칭은, 정리와 비교해 아직 증명되었다고 공인된 것은 아니지만, 간단한 기준으로서는 가치가 있음을 의미한다. 다음으로, 업계 종사자들 사이에서는 농담에 가까운 것인데, 비록 벤포드라는 이름이 붙어 있지만 그가 처음 발견한 사람이 아니라는 것은 사실상 확실하다.

실제로 그것을 처음으로 공식화한 사람은 19세기 후반의 천문학자 사이먼 뉴컴(Simon Newcomb)이었다. 모든 천문학자와 마찬가지로 뉴컴은 상당한 양의 수치 연산이 필요해 로그표(이미 그것에 대해 이야기했음을 기억하는가?)를 봐야 했다. 잠시 계산을 하지 않고 있을 때 그는 이상한 점을 알아차렸다. 그가 사용한 표의 앞쪽 페이지 가장자리가 뒤쪽 페이지 가장자리보다 더 더러웠다. 이는 마치 낮은 숫자로 시작하는 수의 로그를 찾는 일이 더 자주 발생하는 것과 같았다. 로그표를 한 번도 사용해본 적이 없는 사람들을 위해 말하자면, 42, 42000, 그리고 0.0042의 로그값을 찾을 경우 4.2라는 같은 값을 찾으면 된다. 왜냐하면 로그표는 이른바 가수(mantissa, 假數)라고 하는 로그의 소수 부분만 제공하는데, 전체 부분은 쉽게 얻을 수 있기 때문이다.

뉴컴은 1881년 이 주제에 관한 기사를 썼으나 빠르게 망각 속으로 사라졌다. 다른 사람이 같은 호기심으로 고심하기까지 반세기 이상이 걸렸다. 그는 바로 물리학자 프랭

크 벤포드(Frank Benford)였다. 제너럴 일렉트릭 연구소에 근무하고 있던 벤포드는 아마도 이런 종류의 연구를 수행할 여유가 있었을 것이다. 그는 모든 유형의 방대한 데이터를 수집하기 시작해, 2만 개가 넘는 온갖 종류의 값을 모은 다음, 1938년에 실험 데이터를 논문으로 발표했다. 그는 "실제적 맥락에서 무작위로 생성된" 수의 집합에서 첫 번째 자릿수의 분포를 추정하는 규칙을 공식으로 만들었다. 벤포드의 법칙이 탄생한 것이다.

이 법칙의 수학적 공식은 당연히 로그를 사용한다. 나는 그것을 자세히 이야기하는 대신 숫자의 다양한 첫째 자리 숫자에 해당하는 비율을 볼 수 있는 파이 차트를 아래에 제시한다. 이 백분율은 또한 로그표에서 얼마나 많은 페이지가 해당 숫자로 시작하는지에 비례한다. 실제로 수의 첫째 자리 숫자는 이상한 방식으로 변하지만, 수의 로그값에서 소수점 다음에 오는 첫 번째 숫자는 균일하게 분포되어 있다.

이 법칙을 직접 확인해볼 수도 있다. 충분히 많은 수의 정렬된 데이터로 통계를 내어 숫자의 첫째 자리를 살펴보라. 고려할 사항은 한 가지뿐이다. 값은 다양한 크기의 범위에 걸쳐 있어야 하고, 어떤 특정한 방식에 의해 생성되어서는 안 되며, 서로 독립적이어야 한다. 센티미터로 측정된 18세 아이의 키는 좋지 않다. 95% 이상이 100~199센티미터 사

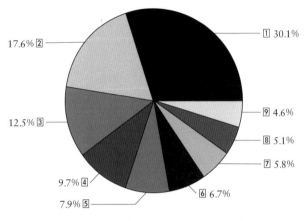

17.6% ② ─

① 30.1%

12.5% ③ ─

9.7% ④ ─

7.9% ⑤ ─

⑨ 4.6%

⑧ 5.1%

⑦ 5.8%

⑥ 6.7%

벤포드의 법칙에 따른 첫째 자리에 오는 수의 확률

이가 될 거라는 데 돈을 걸 수도 있다. 동전을 1,000번 던져서 나오는 앞면의 수는 거의 확실하게 4 또는 5로 시작하는 결과를 줄 것이다. 이탈리아 지방 자치단체의 주민 수는 수십에서 수백만에 이르며, 이것이 벤포드의 법칙이 유효한 완벽한 예다.

그렇다면 결론적으로 법칙은 존재하는 것인가 아닌가? 명확하고 확실한 대답은 "그렇기도 하고 아니기도 하다"이다. 만약 특정한 데이터 집합에 대한 법칙이 실제로 존재한다면 그래야 한다고 말할 수 있을 뿐이다. 근본적인 이유는 이른바 규모 불변 때문이다. 킬로그램 단위로 측정된 데이터 집합의 첫째 자리에 오는 수가 특정 법칙을 만족한다고 가정해보자. 그렇다면 그 동일한 법칙은 킬로그램의 절반에 해당하는 독일 파운드(German Pfund)로 측정해도 작동해야 한다. 이 경우 이전에 5와 9 사이 수로 시작되는 모든 값은 이제 1로 시작할 것이다. 따라서 1로 시작할 확률은 5, 6, 7, 8, 또는 9로 시작할 확률을 합한 것과 같아야 한다. 이것은 위 그림에서 볼 수 있는 것과 같다. 안다. 이건 소위 몸짓으로 증명하기 중 하나라는 것을. 그리고 별로 쓸모없다는 것을. 그렇지만 나는 이것이 정리가 아니라 그저 법칙이라고 말했다. 안 그런가?

위키피디아는 얼마나 무거울까?

엔리코 페르미(Enrico Fermi)는 20세기 가장 위대한 물리학자 중 한 사람으로, 쇼비니즘의 그림자가 전혀 드리워지지 않았다고 단언할 수 있다. 통상적으로 그는 원자폭탄의 설계 및 제조와 연관되며, 실제로 원자의 대규모 핵분열이 가능하다는 것을 반론의 여지 없이 결정적으로 입증한 연구팀의 수장이었다. 그러나 페르미는 다른 많은 물리학 분야에서도 능력을 보여주었으며 그의 이름을 딴 흥밋거리가 적어도 두 개는 있다.

페르미의 역설은 몇몇 동료와 함께 저녁 식사를 하는 자리에서 그가 한 말에서 비롯되었다. 대화는 UFO를 목격했다고 주장하는 문제로 옮겨갔고, 만약 우리 은하계 외부에 그렇게 많은 문명이 존재한다면, 우주가 수십억 년 이상 존재해온 것을 감안할 때 예의 전자기 신호와 같은 비자발적 외계 활동의 흔적조차 발견하지 못한 것은 매우 이상한 일이라는 점을 강조하며 이렇게 덧붙였다. "그래, 하지만 다들 어디에 있는 걸까?" SETI 프로젝트 역시 그들을 찾으려고 노력했으나 대단한 결과는 없었다. 페르미 역설에 대해 많은 대답을 할 수 있겠지만, 우리는 다른 주제를 이야기할 것이다.

적어도 수학적 관점에서 훨씬 더 흥미로운 것으로, 이른바 페르미 문제라고 불리는 것이다. 이 또한 동료 및 친구들과 허물없이 잡담하는 중에 나왔다. 페르미는 쓸 수 있는 데이터가 거의 없어도 근사적인 답을 계산하는 데 탁월했다고 한다. 예를 들어 그는 첫 번째 핵 실험 때, 폭발 당시 충격파가 공중에 던져놓은 작은 종잇조각을 얼마나 많이 움직였는지 측정함으로써, 방출된 에너지를 추정할 수 있었다.

가장 잘 알려진 페르미 문제의 예는 시카고 지역의 피아노 조율사 수를 추정하는 것이다. 이 문제는 불가능해 보일 수도 있지만, 페르미는 시카고와 그 주변에 얼마나 많은 가족이 살고 있는지, 얼마나 많은 가족이 피아노를 유지할 수 있는지, 한 집에 가서 피아노를 조율하는 데 시간이 얼마나 걸리는지, 그리고 조율사가 일 년에 몇 시간이나 일하는지와 같은 간단한 고려사항에서부터 시작해 그럴듯한 결과를 도출하는 방법을 보여주었다.

실용적인 예를 들어보자. 이탈리아어로 된 위키피디아

전체를 양면 인쇄하면 무게가 얼마나 나갈까? 약간의 계산을 해보자. 내가 이 책을 쓰고 있는 현재 기준으로, 위키피디아에는 100만 개가 조금 넘는 항목이 있으며, 각각은 평균적으로 한 페이지 반을 차지한다고 가정할 수 있다. 많은 항목이 한 페이지 안에 들어가고 아래에 낙서할 공간이 있지만, 개중에는 아주 긴 항목도 있다. 간단히 말해, A4 포맷으로 양면 인쇄했을 때 100만 장보다 조금 적은 양이다. 80만 장이라고 하자. 여기서 우리는 조금 덜 알려진 사실을 사용해야 한다. A4 용지의 면적은 $1m^2$의 1/16이고(왜 그런지는 뒤에서 볼 것이다), m^2당 인쇄 용지의 무게는 80g이므로, 용지 한 장은 5g이다. 따라서 총 400만 그램, 즉 4t이 된다. 여러분은 어떨지 모르겠지만, 나는 좀 더 많기를 기대했다.

만약 이런 사실들을 모른다면? 문제없다. 다른 길을 찾으면 된다. 아마도 기억을 더듬어본다면, A4 용지의 크기는 대략 20×30cm이고, 한 묶음(림)에 500매이며 두께는 약 5cm, 그리고 종이의 무게는 거의 물과 비슷하다는 것을 떠올릴 것이다. 따라서 종이 500장의 무게는 약 3kg이고 한 장의 무게는 약 6g이다. 이 두 번째 추정에 의하면 총무게는 거의 5t이다. 이런, 두 개의 다른 답이 나왔다. 이제 어떻게 해야 할까? 아무것도. 우리는 엄밀한 답을 원한 게 아니라는 점을 기억하라. 위키피디아 인쇄물에 세금을 낼 필요도 없고, 얼마나 많은 수입인지를 붙여야 하는지도 알 필요가 없다. 그저 추정값으로 충분하다.

4t이건 5t이건 큰 차이는 없다. 물론 두 번째 추정값이 100kg이었거나 100t이었다면 뭔가 잘못된 것이다. 순전히 호기심에서 나는 몇몇 친구에게 추정값을 달라고 부탁했는데, 결과는 1.5t에서 5t 사이였다. 좋은 결과라고 말하고 싶다. 왜냐하면 크기의 정도(로그의 실용적 응용 중 하나)에서는 모두 일치하기 때문이다. 실제로 킬로그램 단위로 추정한 다양한 무게의 로그값은 3.2에서 3.7 사이이다.

페르미 추정은, 내가 과학적 근사의 여왕이라고 부르는, 고결한 어림 계산 기술의 특징적인 예다. 이것은 그저 추측하는 것 이상이 아니며, 창조적인 방식으로 사고하는 것을 습관화하기에 유용한 연습이라고 정의할 수 있다. 그러나 어림 계산은 나중에 엄밀한 계산이 필요할 때도 실질적인 유용성을 가진다. 한편 다른 방법으로 얻은 결과가 어림 계산 추정값과 아주 많이 다르다면, 어딘가에서 뭔가 잘못되었다는 것을 뜻하고, 오류가 거친 추정에 있는지는 확실하지 않다. 그러나 추정값을 계산하는 과정에서 더 정확한 값을 찾기 위해 어디를 봐야 하는지는 이해할 수 있다. 예를 들어 위키피디아 무게의 경우, 추론의 가장 약한 부분은 한 페이지의 평균 길이를 추정하는 것이다. 그렇다면 유의미한

표본으로 삼기에 충분한 수의 항목을 무작위로 선택해 그 데이터에서 시작한다면 훨씬 더 정확한 결과를 얻어낼 수 있을 것이다. 간단하고 효율적이지 않은가?

중간을 향한 대경주

연합 수학(coalition math)은 결정론을 사랑하는 사람들에게 복잡하고 혼란스러운 것이다. 케네스 애로(Kenneth Arrow)는 수 세기 동안 학자들을 사로잡아온 의문에 명확한 해답을 확립한 그의 정리[5]로 노벨 경제학상을 수상했다. 최소한 세 명의 후보와 일련의 완전히 자연스러운 조건(모든 투표는 계산되어야 하고, 사람들이 어떻게 투표하느냐에 따라 모든 결과가 일어날 수 있으며, 중간에 있는 한 후보를 제거해도 나머지 후보들은 같은 순위를 유지하고, 어떤 후보에 반대하는 투표를 한 것이 결과적으로 그에게 유리하게 작용할 수 없는 조건)이 주어졌을 때, 어떤 투표는 후보자들 사이에서 절대적인 순위를 찾지 못할 수도 있다. 어떤 의미에서는, 요컨대 각 선거 후 모두가 이기는 것을 보는 수학적 확증이 있다. 그러나 선거 수

---

5   애로의 불가능성 정리.

학은 심지어 다득표자가 이기는 것이 확실한 양자 시스템에서도 몇 가지 문제를 준다. 여기에 왜 두 후보가 종종 서로 그렇게 비슷한지에 대한 수학적 설명이 있다.

길이가 1km인 아름다운 해변을 생각해보자. 반(半)이동식 판매대를 가진 두 명의 아이스크림 장수가 해수욕객에게 얼음과자와 아이스크림콘을 파는 시장을 양분(해변에서 다른 운영자는 허용하지 않는 것 같다)하고 있다. 일광욕을 즐기거나 비치발리볼 놀이를 하는 해수욕객이 해변에 균일하게 분포되어 있다고 가정하자. 외부 관찰자가 보기에 최적의 위치는 해변의 시작 지점에서 250m, 끝에서 250m에 배치하는 것이라고 할 것이다. 이렇게 하면 시장이 균등하게 나뉘고, 어떤 해수욕객도 갈증을 달래기 위해 250m 이상 걸어갈 필요가 없다.

이때 오른쪽에 있는 아이스크림 장수가 '지능적인' 추론을 한다. 만약 가운데로 100m 이동하면 원래 고객을 그대로 유지할뿐더러 자신이 750m 지점이 아니라 650m 지점에 있게 되어 450m와 500m 사이에 있는 사람들까지 경쟁자보다 더 가까운 자기에게 올 거라고 생각한다. 그러나 왼쪽에 있는 아이스크림 장수도 고객을 뺏기지 않으려고 똑같이 한다. 게다가 한술 더 떠 두 배 움직여 450m 지점에 자리 잡고 중도좌파 아이스크림 장수가 된다. 이렇게 하여 오래된 고객을 되찾을 뿐만 아니라, 500m에서 550m 사이에 있는 고객도 끌어온다.

이 위치 이동 춤사위가 끝나면, 새로운 평형 해답으로 해변의 가운데 지점에 두 대의 카트가 나란히 서 있는 것을 보게 된다. 고객은 처음과 동일하지만, 해변 가장자리에 있는 사람들은 아이스크림을 먹기 위해 500m를 걸어와야 한다. 최상의 결과다. 아닌가? 도달한 위치는 평형 지점이다. 어떤 아이스크림 장수도 중앙에서 움직여서는 안 된다. 왜냐하면 유권자, 아니 해수욕객을 잃을 것이기 때문이다.

선거에서 경쟁을 연구하는 것이 이렇게 간단할까? 당연히 아니다. 수학적 모델은 모델일 뿐이며, 현실의 일부 측면만 고려한다. 여기서 문제는 해수욕객이 해변에 고르게 분포한다고 가정하는 것이 아니다. 미터를 재는 대신 해수욕객의 수를 세어 양쪽에 500명씩 두더라도 동일한 방식으로 작동한다. 이것 역시 수학에서 중요한 규칙이다. 측정 방법을 잘 선택해야 한다.

문제는 다른 종류의 것이다! 해변의 비유를 계속해보자. 만약 극단주의자들, 즉 해변 가장자리에 있는 사람들이 맛없는 아이스크림을 위해 그렇게 먼 거리를 걸을 가치가 없다고 결정한다면 어떻게 될까? '그들의' 아이스크림 장수는 안전하다고 여겼던 표를 잃을 것이다. 해변의 경우와 마

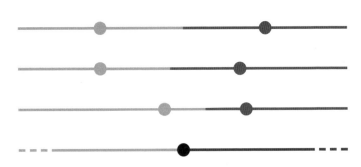

가운데로 끌린다

찬가지로 두 후보 모두 중도일 경우 기권이 증가하는 것이다. 이 시점에서 두 명의 극단주의(해변에서 차지하는 위치의 관점에서) 아이스크림 장수가 해변에 도착해 실망한 사람들의 구매를 가로챌 수 있다. 그 수는 적을지 모르지만, 기존의 아이스크림 장수들에게 결코 뺏기지 않을 충성스러운 고객을 가지게 될 것이다.

마지막으로, 어떻게 하면 전통적인 좌우 대립을 명시적으로 거부하는 정당을 고려하도록 모델을 수정할 수 있을까? 어쩌면 아이스크림 대신에, 예를 들어 샌드위치를 파는 상인을 들일 수도 있다. 궁극적으로 수학적 모델은 단지 모델일 뿐이라는 것을 기억하라. 재미있고, 아이디어를 얻는데는 유용하지만, 반드시 현실과 연관되지는 않는다.

3장

게임

더블로? 아니, 그대로

러시아 제2의 도시 상트페테르부르크를 부르는 이름이 20세기 들어 여러 차례 바뀌었다. 원래는 상트페테르부르크였으나 볼셰비키들이 러시아식 이름인 페트로그라드라고 했다가 나중에 국가원수 블라디미르 레닌의 이름을 따서 레닌그라드라고 명명했다. 그리고 공산주의 몰락과 함께 원래 이름을 되찾았다. 매번 새로 작성해야 했던 모든 문서를 생각해보길……. 하지만 수학자들은 오일러와 밀접하게 연관되어 있을 뿐 아니라, 정말 놀라운 역설도 연관된 원래 이름을 언제나 선호했다.

당신이 상트페테르부르크 카지노에 있다고 상상해보라. (하나만 있을까? 오직 하나만 있었을까? 그렇다고 치자…….) 노름판의 물주가 "당신이 언제나 이긴다"라고 제시하는 매우 특별한 게임이 열리는 방을 발견했다. 게임은 아주 간단하다. 참여하고 싶은 사람은 특정 금액을 낸다. 그리고 미리 앞면 또는 뒷면 중 어디에 베팅할지 선택하고 동전을 던지기 시작한다. 그가 선택한 것이 뒷면이라고 해보자. 만약 처음 던진 동전에서 뒷면이 나오면 게임은 끝나고 참가자는 1루블을 받는다. 반대로 앞면이 나오면 참가자는 동전을 다시 던진다. 다시 한번 만약 뒷면이 나오면 게임은 끝나고 이번에는 2루블을 받으며, 만약 앞면이 나오면 게임은 계속된다. 만약 세 번째 던지기에서 처음으로 뒷면이 나온다면 4루블을 받고, 네 번째에 나오면 8루블, 다섯 번째는 16루블 등 계속 두 배로 늘어난다. 물주가 무한대의 돈을 가지고 있고, 따라서 게임이 무한정 계속될 수 있다고 상상해보라. 물주가 말했듯이, 당신은 항상 이긴다. 이 게임을 할 권리에 대해 얼마를 내는 것이 공정하다고 생각하는가? 2루블? 5루블? 10루블?

계산해보자. 그러기 위해서는 가능한 모든 경우를 나열하고, 각각의 경우 확률과 따게 되는 상금을 곱해, 이 모든 값을 더하면 된다. 첫 번째 동전 던지기로 게임이 종료되고 1루블을 딸 확률은 1/2이므로 이 경우 반(半) 루블의 가치가 있다. 두 번째 던지기에서 게임이 끝나고 2루블을 딸 확률은 $(1/2)\times(1/2)$, 즉 1/4이다. 이 경우 역시 반 루블의 가치가 있다. 짐작했겠지만 세 번째 던지기로 끝나는 게임의 경우는 $(1/8)\times4=$반 루블의 가치가 있고, 네 번째는

(1/16)×8=반 루블 등으로 계속된다. 반 루블을 무한 번 더하면 무한대이므로, 우리가 얼마나 많은 돈을 낼 의향이 있건 간에, 잃어서는 안 되는 딜러 측에서 정중하게 거절할 것이다. 그러나 이건 전부 말이 안 되는 것 같아 보인다! 그 아래에는 뭐가 있을까?

간단하다. 이론적인 계산이 작동하려면, 게임이 무한정 진행될 수 있어야 할 뿐만 아니라, 딜러가 사용할 수 있는 무한한 유보금이 있어야 한다! 상금은 기하급수적으로 증가하는데, 앞에서 우리는 기하급수 성장이 너무 많이 그리고 아주 빨리 커지는 것을 보았다. 여러분에게 아이디어를 제공하기 위해, 전 세계 연간 GNP(국민총생산)는 약 2,500조 루블에 해당하며, 이는 앞면이 51번 연속으로 나왔을 때 받을 수 있는 금액과 비슷하다. 사실 이런 일이 일어날 확률은 너무 낮아 실질적으로 0이다. 그러나 수학에서 '실질적으로'라는 단어는 시민권이 없다. 최대 상금에 제한을 두면, 게임이 공정해지도록 하는 게임 비용이 내려간다. 우승 한도가 100만 루블이라면, 평균 상금은 약 11루블이다. 최대 상금이 10억 루블(정확히 2,000만 유로)이라 해도 평균 상금은 단지 5루블만 증가해 총 16루블, 즉 30유로센트가 조금 넘는다.

물론 상트페테르부르크 카지노에는 그런 방이 존재하

지 않으며, 아예 그런 카지노도 존재하지 않을 것이다. 그러나 마틴게일(martingale. 홀/짝 또는 레드/블랙과 같은 단순한 조합에 대해 동전 하나로 시작해 패배할 때마다 베팅을 두 배로 늘려가는 이론)이 확실한 승자라고 믿는 참가자가 많다. 왜냐하면 베팅 금액의 대수적 합은 마침내 우리의 조합이 나왔을 때 딸 수 있는 상금보다 동전 하나가 적기 때문이다. 안타깝지만 마틴게일의 경우에도 그 과정은, 딜러가, 또 무엇보다 참가자가 무한한 부를 가지고 궁극적으로 이길 때까지 무한정 계속할 때만 작동한다. 나를 믿으시라. 딜러는 거의 항상 옳으며, 드물게 그렇지 않다고 해도 당신이 이겨서 집으로 돌아가기에는 분명히 충분하지 않다. 여기에 대해서는 뒤에서 좀 더 이야기하겠다.

룰렛에서 이기는 방법

여러분도 알다시피, 룰렛(유럽식)은 0부터 36까지 번호가 매겨진 37개의 동일한 섹터로 나누어진 원반이다. 하나의 번호에 베팅해서 그 번호가 나오면 베팅한 금액의 36배를 돌려주고 그렇지 않으면 돈을 잃는다. 뱅크의 배당률은 1/37, 즉 약 2.7%다. 만약 37명의 참가자가 각각 다른 숫자에 1개의 칩을 베팅한다면 딜러는 37개의 칩을 거둬 행운의 승자에게 36개를 준다. 좋다. 당신은 105유로의 예산을 가지고 있고, 행운의 숫자에 각각 1유로씩 105번 연속 베팅하기로 마음먹었다. 당신은 카지노에 들어올 때보다 더 많은 돈을 가지고 나갈 확률이 얼마라고 생각하는가? 10%? 아니면 30%?

믿기지 않겠지만 확률은 50%보다 크다! 우선, 108유로 즉 처음보다 많은 돈을 가지려면, 세 번 이기는 것으로 충분하다는 것을 쉽게 알 수 있다. 계산해보면, 한 번도 이기지 못할 확률은 5.63%이고, 단 한 번만 이길 확률은 16.42%, 두 번 이길 확률은 23.72%다. 이것을 모두 더하면 45.77%가 된다. 따라서 적어도 세 번 이겨서 이익이 난 채로 나갈 확률은 54.23%다. 카지노에 더 많은 수익을 보장하기 위해 두 번째 0을 덧붙이는 미국식 룰렛에서도 이 간단한 전략은 52.4%의 경우 이긴다.

어디에 속임수가 있는 걸까? 계산이 바르다는 것은 보증한다. 당신이 카지노에 들어올 때보다 더 많은 돈을 가지고 나갈 확률은 54% 이상이다. 이것이 옳은 답이긴 하지만, 안타깝게도 잘못된 질문에 대한 답이다……. 올바른 질문은 "나는 평균적으로 얼마의 돈을 가지고 카지노를 나설 수 있을까?"이며, 이 질문에 대한 답은 "약 102.16유로를 가지고 떠날 수 있다"이다. 이것은 판돈에서 평균적으로 1/37의 손실을 본 금액에 해당한다. 멋진 역설이다. 아닌가?

훨씬 더 극적인 예를 들어 설명해보겠다. 러시안룰렛이다. 한 발의 총알이 장전된 여섯 발들이 권총의 탄창을 회전시킨 다음, 관자놀이에 대고 쏜다. 총을 쏘고 죽는 경우를 피하고자 총알 대신 '빵!'이라고 쓰인 깃발이 나오는 권총을 선택하겠다(나는 피가 아닌 말로 하는 놀이가 좋다). 게임은 다음과 같이 진행된다. 총이 발사되지 않으면 딜러가 당신에게 10유로를 주고, 만약 '빵!'이 발사되면 당신이 딜러에게

1,000유로를 내야 한다. 비록 생명의 위협은 없지만 당신은 어떤 경우에도 이 게임을 하지 않을 거라고 생각한다. 1,000유로를 내야 할 위험이 이겼을 경우 벌게 될 10유로보다 훨씬 크다. 그러나 잠시 생각해본다면, 결국 여섯 번 중 다섯 번은 더 많은 돈을 가지고 집에 가지 않는가? 그렇다면 왜 시도하지 말아야 할까?

같은 일이 룰렛을 105번 베팅하는 경우에도 발생하지만, 직관적으로 알기는 더 어렵다. 당신이 잃는 것보다 더 자주 이기는 것은 사실이다. 하지만 대부분 당신은 아주 적게 따고 두둑하게 벌어서 집으로 돌아갈 확률을 거의 무시할 수 있다. 그러나 다른 한편으로 우리가 가진 돈을 전부 또는 거의 전부 잃을 가능성은 상당하다. 평균을 내보면, 어떤 사람이 10m 아래로 미끄러지기 전, 한 번에 1m씩 여섯, 일곱 차례 연속 오르는 것과 약간 비슷하게, 당신은 '거의 항상' 올라가고 있음에도 끝에 가서는 처음보다 더 낮다는 것을 발견하게 된다.

내가 상트페테르부르크 역설과 관련해 언급한 마틴게일은 이용 가능한 자본이 제한되면 동일한 문제를 보인다. 127유로를 가지고 카지노에 입장한다. 간단한 베팅, 즉 빨간색/검은색, 짝수/홀수, 망크(manque, 18 이하의 숫자)/파세(passe, 19 이상의 숫자)를 선택해 1유로를 베팅한다. 당신이 이기면 상금을 챙겨서 떠나고, 잃으면 예의 간단한 베팅에 2유로를 베팅하라. 이번 판에 이기면 순수익은 1유로다. 다시 한번 상금을 챙겨서 나가라. 이런 식으로 계속해서 당신이 이길 때까지 매번 두 배씩 돈을 걸면 일곱 번째 게임 후에는 돈을 다 잃고…… 마침내 도박은 당신과 맞지 않는다고 깨닫게 된다.

　그러나 그러한 패배자가 될 확률은 얼마일까? 글쎄, 만약 0이 없다면 매 게임 당신이 잃을 확률은 정확히 1/2이다. 따라서 잃을 확률은 항상 1/128이 된다. 0는 딜러에게 유리하므로 빈털터리로 끝날 확률이 더 높다. 하지만 여전히 1% 미만이다. 이 말은 99% 이상의 경우, 당신은 친구에게 이렇게 말할 수 있다는 뜻이다. "봤어? 나는 카지노에 갔고, 땄어!" 안타깝게도 그동안 당신은 모든 것을 잃는다. 간단히 말해, "난 거의 항상 카지노에서 딸 수 있는 확실한 방법이 있어"라고 말하는 사람들은 실제로 옳을지도 모른다. 그러나 내가 말했듯이, 올바른 답이 언제나 올바른 질문에 대한 것은 아니다…….

두 배로 걸면 두 배로 벌까?

요즘같이 건강에 신경 쓰는 텔레매틱스[1] 시대에 우표를 사려고 담배 가게[2]에 가는 사람은 아무도 없다. 왜냐하면 어차피 당신이 들을 대답은 아마도, "죄송합니다만, 몇 주 동안 저희한테 배달 온 게 없습니다"일 것이기 때문이다. 그리고 담배 한 갑을 사는 일조차 가장 일반적인 행위는 아니다. 도박의 짜릿함을 경험하고 당신의 인생을 바꾸기를 기대하면서, 수많은 즉석 복권 중 하나를 사러 갈 가능성이 훨씬 더 크다.

올바른 조합을 맞추더라도 반드시 인생이 바뀌는 것은 아니다! 이탈리아의 그라타에빈치(Gratta e vinci)라는 긁는 복권에서 당신은 주(州) 정부와 확률을 상대로 하며, 비록 드물기는 하지만 상금은 확실하다. 한편 연금복권인 윈포라

---

1 telecommunication과 informatics의 합성어.
2 이탈리아에서는 담배뿐만 아니라 복권, 우표, 버스표, 신문, 잡지도 같이 판다.

이프(Win for Life) 같은 게임에서는 1에서 20 사이 숫자 10개를 추첨한다. 참가자는 숫자 10개를 뽑아 다른 모든 참가자와 경쟁한다. 예를 들어 2010년 3월 13일 오후 7시 추첨에서는 1부터 10까지 숫자 10개가 나왔다. 그 조합으로 자신들의 행운을 시험해본 내기꾼들은, 아마도 다른 누구도 그것을 선택할 만큼 어리석지 않을 거라고 생각했겠지만, 그런 사람이 59명이나 있었다. 그래서 그들은 20년 동안 매달 67.80유로를 받게 되었다. 이 이야기의 교훈은 게임을 할 때는 수학뿐만 아니라 당연히 운도 중요하고, 게다가 심리학까지 고려해야 한다는 것이다. 우리는 어려운 세상에 살고 있다.

그러나 윈포라이프에 대해 계속 이야기하자면, 처음에는 정말 이상하게 보일 수도 있는 이것의 독특한 특징이 매우 흥미롭다. 내가 위에서 언급했던 주 당첨금 외에도―거기에 추가적인 상금이 할당되는 대숫자(numerone)는 차치하고―상금 일부가 다른 범주로 나뉜다. 9, 8, 7개의 숫자를 맞히더라도, 비록 몇 유로이긴 하지만 상금을 받을 수 있다. 잠시만 곁길로 가보면, 더 적은 숫자를 맞혀 더 적게 버는 것은 당신이 덜 뛰어났기 때문이 아니다. 그저 동일한 최종 결과로 끝나는 데는 아주 많은 잘못되는 방법이 있지만, 모든 것을 추측하는 길은 하나뿐이기 때문이다. 그러나 내가 말했듯이 윈포라이프는 만성적으로 불운한 사람들도 친절하게 대하고 싶어 한다.

따라서 1유로 대신 2유로를 베팅하기로 결정한다면, 모든 숫자를 틀리거나 최대 3개까지만 맞게 추측해도 상금을 탈 수 있다. 0개를 맞힌 상금은 10개를 맞힌 경우의 상금과 동일하다. 동일한 방식으로 1개를 맞힌 것은 9개를 맞힌 것과 같고, 2개를 맞힌 것은 8개를 맞힌 것과, 3개를 맞힌 것은 7개를 맞힌 것과 같다.

불운에 대한 이런 종류의 보험은 가치가 있을까? 아니면 그저 순진한 참가자의 주머니에서 더 많은 돈을 꺼내는 방법에 지나지 않을까? 글쎄, 판돈을 두 배로 할지 말지는 상관없다! 어디서부터 시작해야 할지 안다면 증명하기가 매우 간단하다. (그렇다, 당신이 옳다. 언제나 가장 어려운 일은 무엇을 할지 아는 것이다. 그렇지만 이걸 생각해보라. 올바른 아이디어를 찾아내는 것과 계산을 하는 것 중 어느 것이 더 재미있을까?)

내가 설명했듯이, 추첨에서는 20개의 숫자 중 10개를 뽑는다. 일단 당신이 10개의 숫자를 선택하면, 당신의 복제인간이 와서 당신과 정반대로 해서 정확하게 다른 숫자 10개를 선택한다고 생각해보라. 명백히 뽑힌 모든 숫자는 이 티켓 아니면 다른 티켓에 있을 것이고, 둘 다에 있을 수는 없다. 그러므로 만약 당신이 n을 골랐다면 당신의 복제인간은

$10-n$을 골랐을 것이다. 그러나 모든 가능한 당첨은 발생할 확률이 동일하다. 따라서 만약 당신과 당신의 복제인간이 추첨 전에 티켓을 바꾼다고 해도 거기엔 아무런 차이가 없을 것이다(물론 뽑힌 번호를 안 다음이라면 바뀐다). 따라서 n 또는 $10-n$의 점수를 얻을 확률은 동일하고, 다른 번호로 이기기 위해 티켓 비용을 두 배로 늘리는 것은 공정한 제안이다.

특정 점수를 받을 정확한 확률을 전혀 계산하지 않았다는 사실을 눈치챘는지 모르겠지만, 나는 다양한 사례를 짝짓기만 했다. 수학자들은 기본적으로 게을러서, 예를 들어 20번 공이 다른 공보다 나올 확률이 낮다든가 해서, 꼭 해야 하는 일이 아닌 한 계산하지 않는다. 문제에 직면했을 때는 당황하지 말고 해결책의 지름길을 찾기 시작하라!

최악의 승리

윔블던 테니스 토너먼트에서 비로 인해 경기가 연기되는 일은 흔하다. 그러나 2010년에는 약간 다른 문제가 있었다. 존 이스너(John Isner)와 니콜라스 마후트(Nicolas Mahut) 사이에 벌어진 경기는 3일 동안 지속되었다. 마지막 세트에서 이스너가 70대 68로 이기면서 경기가 끝났는데, 경기의 연속 기록과 점수 기록을 다 갈아치웠고, 그러한 점수를 염두에 두지 않고 제작된 전자 점수판은 엉망이 되었다.

경기 시간이 정해지지 않은 스포츠가 많다. 축구 결승전에서 승부차기에 돌입해 양 팀이 동시에 골을 넣거나 못 넣는 경우를 생각해보라. 그러나 테니스에는 특이한 점이 하나 있다. 위의 예와 같이 비정상적일 때 최종 승자가 상대방보다 훨씬 더 적은 점수를 얻을 수도 있다. 사실 테니스에서는, 예를 들어 배구에서처럼, 실제로는 한 경기가 아니라 일련의 경기, 즉 세트로 겨룬다. 그리고 테니스에서 각 세트는 다시 여러 개의 게임으로 구성되는 다중 게임이다. 이것은 한 선수가 상대보다 훨씬 적은 점수를 얻고도 경기에서 이길 수 있음을 의미한다. 예를 들어 그는 상대가 이긴 게임과 세트에서 한 점도 얻지 못할 수 있지만, 그가 이기는 경우에 상대는 지고도 받을 수 있는 최대 점수를 얻을 수 있다. 그러나 승자가 받을 수 있는 점수의 최소 퍼센트는 얼마일까? 당신이 '게으른 승자'라 상상하고 계산해보자.

점수를 나타내는 방식이 웃기지만, 실질적으로 테니스에서 한 게임을 이기려면 최소 4점, 그리고 상대보다 적어도 2점을 더 얻어야 한다. 그러므로 당신은 첫 두 세트를 단 한 점도 내지 못하고 0대 6, 0대 6으로 내줄 수 있고, 그러면 상대에게 48대 0이라는 점수를 바치게 된다.

이제 진짜로 플레이할 시간이다! 게임에서 이기기 위한 가장 덜 유리한 점수는 무엇일까? 4대 2(40[포티]대 30[서티]에서 결정짓는 점수를 내는 경우)일까? 5대 3(듀스에서 어드밴티지 그리고 게임)? 6대 4 또는 다른 점수일까? 답은 첫 번째 경우다. 이것이 사실임을 확신할 수 있는 세 가지 가능성이 있다. 일일이 계산해보거나, 나를 믿거나, 그것도 아니라면 더 많은 점수가 날수록 점수의 비(比)가 비슷해지는 것에 주목해 점수 몇 점을 집어넣어 어떤 일이 일어나는지 외삽해볼 수도 있다. 세트에 관해서도 추론은 비슷하다. 6대 4와 7대 6

사이에서(7대 5로 끝난 타이 브레이크 포함해) 어느 것이 더 나은 점수인지 현명하게 가려내면 된다. 첫 번째 경우에는 상대편의 28점을 상대로 24점을 득점해 세트에서 승리할 수 있다. 두 번째 경우 41점을 상대로 31점을 얻으며, 부정적인 기록에 도달하려면 이게 확실히 더 낫다.

요약하자면, 1세트와 2세트에서 완패당한 다음, 3세트와 4세트에서 지는 게임에서는 0점을 얻고 이기는 게임에서는 상대방의 서티(30)에 대해 이기면서, 각각 7대 6(7대 5)으로 끝낸다면, 상대가 130점을 낼 때 당신은 62점을 낸 것이다. 5세트가 남았다. 다른 토너먼트와 달리 윔블던에서는 5대 5 상황에서 상대보다 두 게임을 더 이길 때까지 무한정 계속된다. 우리는 6대 4에서 멈추는 게 좋다.[3] 궁극적으로 윔블던에서는 상대방의 158점에 대해 86점으로 승리하는 것이 가능한데, 이는 총점수의 35%를 조금 넘는 것이다. 내가 알기로 이런 경기는 한 번도 일어난 적이 없다. 만약 이런 경기가 있었다면, 그건 완전히 부정 시합이었을 것이다. 그러나 나는 불공정함에 관한 한 테니스는 나쁘지 않다고 말하고 싶다!

---

3   2019년부터 윔블던은 12대 12세트에서 5세트를 완주했다. 그러나 분석은 그대로다.

카드 순서 뒤집기

카드 한 벌에서 열세 장의 스페이드 카드를 뽑아 섞은 다음 한 줄로 늘어놓자. 가장 왼쪽에 있는 카드는 어떤 특정한 값(통상적으로 에이스는 1이고 잭, 퀸, 킹은 각각 11, 12, 13이다)을 가질 것이다. 그런 다음 그 수만큼의 카드를 세어 역순으로 재배열하라. 예를 들어 처음 배열이 6KX594287QA3J(여기서 X는 10에 해당)인 경우 처음 여섯 장(제일 왼쪽에 있는 수가 6이므로)의 카드 순서를 뒤집어 495XK6287QA3J를 얻는다. 이런 식으로 작업을 반복한다. 이번에는 카드 네 장을 뒤집고, 가장 왼쪽 카드가 에이스가 될 때까지 계속한다.

이 시점에서 이미 그렇게 열정적이지 않았던 게임은 흥미를 잃는다. 카드 한 장을 뒤집는 것은 그다지 눈에 띄지 않는 일이다. 그러나 또 다른 질문이 있다. 조만간 에이스가 줄의 맨 앞자리에 올 거라고 정말 확신하는가?

대답은 "그렇다"이다. 조만간 에이스가 가장 앞자리를

차지할 것이다. 카드가 열세 장이 아니더라도 그렇게 될 것이다. 여기서 중요한 것은 모두 오름차순이라는 것이다. 그 이유는 너무 복잡하지는 않지만 약간의 주의가 필요하다(그리고 결국 수학적 증명에 얼마나 능숙한지 보여줌으로써 친구들을 놀라게 할 수 있다).

첫 번째로 고려해야 할 것은 n개의 요소를 배열하는 방법의 수는 유한하며, 1에서 n까지의 수를 곱해 알 수 있다는 것이다. 기호로는 $n!$(n팩토리얼[계승])이라고 나타내지만 우리는 알고 싶지 않다. 한편, 만약 우리가 일정량의 연산 후 이미 봤던 배열을 보게 된다면, 같은 배열의 주기를 반복해서 보게 될 것이므로, 이어지는 움직임을 예상할 수 있다. 카드를 뒤섞지 않고 단순히 반대 방향으로 돌려놓기만 했다는 것을 기억하라. 그리고 이 작용은 결정론적이다.

출발점이 같으면 도착점도 같다. 확실하게 해두자면, 역과정은 적용되지 않는다. 배열 495XK6287QA3J는 826KX5947QA3J부터 시작해도 나올 수 있다. 이것은 수학뿐만 아니라 일상생활에서도 꽤 흔한 일이다. 어떤 특정 지점에 도달하기 위해 이동 경로를 거슬러 올라가는 것이 가능하지 않을 수도 있다. 어쨌든 가능한 배열은 무한하지 않으므로, 얼마나 오래 걸릴지는 몰라도 언젠가는 순환 과정에 도달할 것임을 확신할 수 있다. 우리는 이 사이클의 길이가 1이라는 것을, 즉 배열이 에이스로 시작한다는 것을 보여주고자 한다. 거의 다 왔다.

마지막으로 주목해야 할 점은 킹이 마지막 위치에 온다면(이전 단계에서 그것은 처음 자리에 있었을 것이다) 더는 거기서 빠져나오지 못할 것이 확실하다는 것이다. 그것을 움직이려면 열세 장의 카드를 돌려놔야 하지만, 이렇게 하려면 킹은 첫 번째 위치와 마지막 위치에 동시에 있어야 하므로 동시에 두 지점에 존재하는 전문가가 되어야 한다. 보다 일반적으로 가장 큰 값을 가진 m개의 카드가 모두 마지막 m개의 위치에 놓이면 그 순서 그대로 남을 것이다.

좋다. 카드를 열심히 돌려놓다 보면 조만간 순환 과정에 도달할 것이라고 말했다. 만약 주기의 길이가 1이라면 배열의 첫 번째 카드는 에이스이고, 바로 우리가 바라는 그대로다. 그런데 만약 그렇지 않다면? 우리는 모순을 만듦으로써 길이가 1보다 큰 사이클에 도달하는 것은 불가능함을 증명한다. 사실 우리는 이 사이클 동안 첫 번째 자리에 오는 모든 카드를 살펴서 k보다 큰 값을 가지는 카드를 잡는다. 그것이 실제로 줄에서 첫 번째 자리에 왔을 때는 $k+1$부터 킹까지의 카드들이 $k+1$번째 자리에서 13번째 자리에 있다는 것을 알고 있다. 알고리즘에 따라 첫 k개의 카드를 돌려놓으면, k 카드는 k번째 자리에 있을 것이다. 이 말은, 이제 처음 $k-1$ 자리에는 1부터 $k-1$ 값을 가진 카드가 놓이고, 우리의 처음 가설과 모순되게 k 값을 가진 카드는 더는 처음 위치에 나타나지 않는다는 의미다. 그러므로 유일한 가능성은 $k=1$이며, 우리가 증명하고 싶었던 그대로다.

흥미를 위해, 증명하는 과정에서 이름은 난해하지만 아무튼 의미는 단순한 단변량[4]이라는 개념을 사용했다. 아마도 값이 변하지 않는 것을 표현하는 불변량(invariant)에 대해서는 들어봤을 것이다. 예를 들어 구멍이 없는 다면체에서, F를 면(face)의 수, V를 꼭짓점(vertex)의 수, S를 변(side)의 수라고 하면, F+V−S의 값은 불변량이고 항상 2이다. 단변량은 불변량만큼 엄격하지 않아 값이 변할 수는 있지만 한 방향으로만 가능하고, 절대로 감소하거나 증가하지 않는다. 우리의 경우 단변량은 배열 뒷부분에 고정되어 움직이지 않는 카드의 수로 주어지며 점차 증가해 13에 도달한다.

가변량(variant)과 단변량은 정말 강력하다. 여기서 고려한 것들은 평범하지만, 최종적인 결과는 그렇지만도 않다. 이것 역시 수학자들의 속임수로, 계산의 수월함은 날개 뒤에 감춰두고 최종 결과만 보여주는 것이다!

---

4   monovariant. 항상 증가하거나 항상 감소하는 양.

공정한 주사위와 불공정한 주사위

왜 모노폴리 혹은 리스크[5]와 같은 게임에서 누가 먼저 움직일지 결정하기 위해 모든 사람이 주사위를 던지고, 그 중 가장 높은 점수가 난 사람이 이기는지 나는 도무지 이해할 수가 없었다. 문제는 주사위를 던지는 것이 아니다. 주사위를 던져서 실제로 무작위 결과가 나와야 하지만(아! 그리고 '정직한' 주사위는 1의 점이 더 크고 깊다는 것을 아는가? 그렇지 않으면 균형이 맞지 않기 때문이다) 비기는 결과가 나올 위험이 있다는 것이다.

두 명의 참가자만 있는 경우부터 시작해보자. 주머니에 신용카드밖에 없어서 동전의 앞면 또는 뒷면으로 정할 수 없는가? 아니면 그것이 주사위 게임이라서 반드시 주사위를 사용해야 하므로 그렇게 하고 싶지 않은가? 예를 들어

---

5   Risk. 1957년 프랑스 게임 '세계 정복(La Conquête du Monde)'에서 파생된 게임.

둘 중 한 사람이 주사위를 굴려 짝수가 나오면 그 사람이 시작하고, 홀수가 나오면 다른 사람이 시작할 수 있다. 어떤가? 이것도 좋지 않다. 왜냐하면 다른 사람도 주사위를 던질 수 있는 헌법적 권리를 부인하는 것 아닌가 싶어서다.

자, 이제 수학을 입장시켜, 1부터 6까지의 일반적인 값을 가진 게 아니라 다음과 같은 조건을 가진, 절대적으로 공정한 주사위 만드는 방법을 알아볼 시간이다.

1. 비길 수 없다.
2. 각 주사위는 동일한 승률을 가진다.

참가자가 한 명일 경우에는 그다지 흥미롭지 않다. 그가 항상 이기므로. 두 명의 참가자가 있는 경우 조건 1은 주사위의 숫자가 모두 달라야 한다고 요구한다. 우리의 인생을 단순화하기 위해 1에서 12까지 숫자라고 가정해보자. 이 시점에서 조건 2를 충족하는 두 세트의 값을 찾기란 어렵지 않다. 예를 들어 {1, 3, 5, 8, 10, 12} 및 {2, 4, 6, 7, 9, 11}이다. 트릭은 여섯 쌍의 수 (1, 2), (3, 4), (5, 6), (7, 8), (9, 10), (11, 12)로 시작해 각 쌍에 있는 값을 재분할해 각각의 주사위가 세 개의 더 큰 숫자와 세 개의 더 작은 숫자를 가지도록 나누는 것이다.

주사위에 1부터 12까지 번호를 매길 필요는 없다. 예를 들어 {1, 1, 1, 4, 6, 6} 및 {2, 2, 2, 3, 5, 5} 값을 사용할 수 있다. 확실히 두 개의 표준 주사위를 사용할 수는 없다. 최소한 하나는 보통이고 다른 하나는, 만약 당신이 소수점을 겁내지 않는다면, {0.5, 1.5, 2.5, 4.5, 5.5, 6.5}의 값을 가진 것이어야 한다. 그러나 두 개의 보통 주사위라면 "비기는 경우, 만약 4, 5, 6의 값이면 첫 번째 참가자가 이기고, 다른 값이면 두 번째 참가자가 이긴다"와 같은 추가적인 규칙이 있어야 한다.

음, 두 선수에게 규칙을 설명하기 시작하는가? 나를 믿어라. 특별한 주사위 두 개를 만드는 게 더 낫다. 말다툼이 덜 일어날 것이다.

참가자가 세 명이고, 주사위의 값이 모두 다르고 연속적이기를 원한다면 1에서 18까지가 될 것이다. 그 값들을 어떻게 할당할까? 앞서 나왔던 한 쌍의 주사위와 같은 방법으로 시작할 수 있다. 다만 이번에 (1, 2, 3)의 삼중항(triad)을 정렬하는 방법은, 주사위 면의 수와 같은 여섯 가지가 있다. 그러나 이번에는 삼중항을 주사위들에 배분하는 데 좀 더 주의를 기울일 필요가 있다. 왜냐하면 세 방향 비교에서는 더 큰 값이 약간 더 많이 카운트되므로 모든 순서가 유효한 것은 아니다.

아래를 보면 왼쪽에는 순열의 유효한 순서가 있고 오른쪽에는 세 개의 주사위를 위한 해당 값이 표시되어 있다.

2 2 3 1 1 3	{3, 5, 9, 10, 13, 18}
1 3 2 2 3 1	{1, 6, 8, 11, 15, 16}
3 1 1 3 2 2	{2, 4, 7, 12, 14, 17}

이들 주사위가 조건 2를 충족한다는 것은 쉽게 보일 수 있다. 앞의 경우와 같이, 표시된 것 옆에 1부터 6까지의 보조 값이 조그맣게 있다고 생각해보자. 대칭성을 위해, 만약 보조 값이 다르면 아무 문제 없고 같으면 구성상 순열이 절대적으로 공정하다.

문제는 네 명의 참가자가 있을 경우다. 6면은 4로 나누어질 수 없다. 6면체에서 12면체로 옮겨가는 편이 낫다. 이것은 롤플레잉 게임을 즐기는 사람들이 이미 이용하고 있으며, 면의 수는 2, 3, 4로 나누어질 수 있다.

에릭 하슈바거(Eric Harshbarger)와 로버트 포드(Robert Ford)는 다음과 같은 값으로 주사위를 만들어 판매하고 있다.

{1, 8, 11, 14, 19, 22, 27, 30, 35, 38, 41, 48}
{2, 7, 10, 15, 18, 23, 26, 31, 34, 39, 42, 47}
{3, 6, 12, 13, 17, 24, 25, 32, 36, 37, 43, 46}
{4, 5, 9, 16, 20, 21, 28, 29, 33, 40, 44, 45}

이들 주사위는 둘, 셋, 또는 네 개를 굴렸을 때, 각각 상대적 위치에 있을 확률이 동일하다는, 드러나지 않은 주요 속성을 가지고 있다. 그러므로 누가 이기는지 결정하는 것뿐만 아니라 참가자 간 순서를 정하는 데도 사용할 수 있다. 주사위를 사는 것은 별도로 하고, 이 시점에서 이것들이 전부 당신에게 필요한지 아닌지 결정하기만 하면 되는데, 그건 내 문제가 아니다.

다섯 명이 참가할 다섯 개의 20면체 주사위의 값은 찾고 싶지도 않다. 문제는 세 사람에게는 작동하지 않을 거라는 것이고, 또 다른 문제는 아무도 나를 위해 그걸 만들어주지 않으리라는 것이다.

그러나 현실을 직시하자. 거꾸로 하는 것이 훨씬 더 재미있다. 면에 숫자 {2, 2, 4, 4, 9, 9}가 있는 초록색 주사위, 숫자 {1, 1, 6, 6, 8, 8}이 있는 흰색 주사위, {3, 3, 5, 5, 7, 7}이 있는 빨간색 주사위가 있다고 상상해보자. 계산해보면, 평균적으로 초록색 주사위는 흰색 주사위에 이기고, 흰색은 빨간색에 이기고, 빨간색은 초록색에 이긴다. 마치 종이는 바위를 이기고, 바위는 가위를 이기고, 가위는 종이를 이기는 중국식 모라[6]와 비슷하다.

그러나 이 경우 상대편에게 주사위를 선택하게 한 다음 '옳은' 주사위를 가지게 되면 유리한 점이 있다. 이들 주사위의 불공정함이 앞서 말한 공정함보다 더 재미있다고 생각하지 않는가?

기는 게임.

비서 구함

우리는 성 차별적인 세상에 살고 있다. 같은 비서라도 남성명사(segretario)가 여성명사(segretaria)보다 훨씬 더 중요하다. 전자는 정당의 리더이고 후자는 수십 년 동안 다양한 농담과 우스운 이야기의 주제였다. 수학자들이 우스운 이야기를 들려줄 때의 장점은 여성 차별적 편견이 없다는 점이다. 따라서 평온하게 남성적인 것으로 전환할 수 있다. 단점은 우리가 이야기를 들려주기보다 문제에 관해 말한다는 것이다. 여기에 서로 상당히 다른 두 가지 문제가 있다. 하지만 그 아래 아래에는 어떤 공통점이 있다.

첫 번째 이야기에서는 비서가 16통의 편지와 그에 해당하는 봉투를 준비했다. 하지만 그는 페이스북에서 인기 있는 최신 동영상에 댓글을 쓰느라 정신이 팔려 편지를 무작위로 봉투에 넣었다. 이때 수신자 중 그 누구도 자신에게 쓴 편지를 받지 못할 확률은 얼마일까?

반면 두 번째 이야기는 일자리를 찾는 게 지금보다 훨씬 단순했던 과거 행복했던 시간을 배경으로 한다. 1명을 뽑는 비서직에 16명의 후보가 왔다. 인사과에서 한 명씩 불러 인터뷰한 뒤 점수를 매긴다. 문제는 먼저 모든 점수를 모은 다음 가장 적합한 후보를 다시 불러올 수 없다는 것이다. 인터뷰 후에 즉시 오케이하지 않는다면 후보자들은 나가서 다른 일을 찾을 것이다. (나는 이 이야기가 있을 법하지 않다고 말했다!) 최선의 후보를 고를 수 있는 가장 큰 확률을 주고, 다른 후보들을 모두 탈락시켰기 때문에 어쩔 수 없이 보통 이하인 사람을 뽑을 수밖에 없도록 하는 전략은 어떤 것일까?

첫 번째 경우는, 아마 당신이 상상했겠지만 근본적으로 조합론(Combinatorics) 문제다. n개의 원소로 이루어진 집합에서 어떤 원소도 처음 위치에 남겨지지 않을 순열의 수를 나타내는 공식을 찾아야 한다. 그러나 당신이 조합론을 공부했다고 하더라도, 이런 유형의 순열을 뭐라고 부르는지 들어봤을 가능성은 거의 없다. 사실 이것은 수학에서 가장 잘 보존된 비밀 중 하나로 생각된다. 좋다. 무슨 일이 일어나고 있는지 생생한 이미지를 확실하게 주는 이것은 적어도 이탈리아어로는 dismutazioni, 영어로는 derangement(완전순열 또는 교란)라고 불린다는 것을 알아두자.

n개 원소의 완전순열을 나타내는 기호도 존재한다. 계

승(factorial)의 경우처럼 느낌표(!)를 사용하지만, 숫자의 오른쪽이 아니라 왼쪽에 놓인다. n개 원소의 완전순열은 $!n$이다. 완전순열 개수의 명시적인 공식은 놔두고 원소가 10개 이상이면 전체 순열 수의 약 37%라는 것만 지적하겠다. 달리 말하자면, 만약 우리가 카드 한 벌을 잘 섞고 "하트 에이스, 하트 2, ……, 하트 킹, 다이아 에이스, ……"라고 소리 내어 말하면서 한 번에 하나씩 카드를 뒤집는다면, 63%의 경우 최소한 하나를 알아맞힐 수 있을 것이다. 누가 이런 걸 생각해냈을까?

반대로 채용의 경우 최적의 전략은, 특정한 수의 후보자를 평가해 그들 중 가장 높은 점수를 확인한 다음, 이후 그보다 더 높은 점수를 받는 첫 번째 후보를 선택하는 것이다(만약 발견하지 못한다면, 당연히 마지막 후보자를 채용할 수밖에 없다). 남은 일은 고용하지 않을 운 없는 후보자를 몇 명이나 평가할지 결정하는 것이다. 후보가 16명인 경우, 답은 6명이다. 어떻게 이 마법의 숫자를 계산했을까? 전체 수의 37%에 가장 가까운 수를 고른 것이다. 37%가 다시 나온 것은 우연일까? 나는 그 두 값 사이에 명시적인 연관성이 있다는 증거를 찾을 수 없었지만, 37%는 임의의 값이 아니다. 사실 이것은 $1/e$ 값이고, e(2.718보다 조금 크다)는 수학의 거의 모든 곳에서 나타나는 상수다. 어떤 의미에서는 심지어 π보다 더 근본적이다. π(3.14…) 대신 그 두 배의 값 (6.28…)을 기본값으로 사용하는 것이 훨씬 낫다고 확신하는 유형의 사람이 일부 있지만, e로는 아무도 그런 생각을 하지 않을 것이다.

이렇게 준비된 비서 채용에 관한 이론은, 자기들이 좋아하는 숫자가 결과로 나왔을 때 수학자들이 즐겨 말하듯, 엘레강스하다. 그렇지만 실제는 매우 다르다. 사실, 내가 설명한 선택 절차는 당신이 어떤 상한선 없이 절대적으로 무작위 값의 특정한 수 중에서 선택해야 할 때 완벽하게 작동한다. 만약 당신이 9점에서 10점 사이 후보를 찾을 경우 9.5점 받는 사람을 찾으려고 알고리즘을 맹종하는 것은 미친 짓이다. 수학은 유용한 보조 도구지만, 갈릴레오가 뭐라고 말했건 현실 세계는 항상 그렇게 수학적이지는 않다.

4장

주변을 돌아다니며

환상(環狀) 도로에 주의

여러분도 분명히 알다시피, 파페로폴리에서 토폴리니아[1]로 가는 길은 두 개가 있는데, 하나는 캐츠빌을 경유하고 다른 하나는 독스버그를 경유한다. 매일 아침 4,000명이 차를 타고 한 도시에서 다른 도시로 이동한다. 캐츠빌-토폴로니아 구간과 파페로폴리-독스버그 구간은 충분히 넓어 주행시간이 항상 50분 걸린다. 다른 두 구간은 산악지형이라 이따금 정체된다.

이때 N을 그 구간을 지나는 자동차의 수라고 할 때, 운전하는 각각의 차에 대해 $N/100$분이 소요되며 1,500대 미만의 차량이 지나가는 경우에도 최소 15분이 걸린다. 형언할 수 없는 몇 차례 교통체증 이후 마침내 상황이 안정되었고, 파페로폴리 주민들은 정확히 반인 2,000명씩 각 도로로

---

1   파페로폴리(Paperopol)와 토폴리니아(Topolinia)는 미키마우스 유니버스의 캐릭터들이 사는 도시다.

나누어졌다. 따라서 총운행시간은 2000/100 + 50 = 70분이다.

그런데 캐츠빌과 독스버그는 매우 가깝게 붙어 있었다. 그래서 필로 스강가(Filo Sganga)[2]는 그 둘을 연결해 단 5분만에 한 도시에서 다른 도시로 갈 수 있는 환상도로를 건설하도록 시장들을 설득했다. 엉클 파페로네[3]는 그 환상도로를 건설하고 싶었지만, 위원회 의장이 브리지타 맥브리지(Brigitta MacBridge)라는 것을 알고는 도망쳐버렸고, 계약은 존 로커덕(John D. Rockerduck)이 따냈다.

당신 생각에는 도로가 완성된 후 무슨 일이 벌어졌을 것 같은가? 간단하다. 모든 운전자는 새로운 길을 택하는 것이 편리하다는 것을 알았다. 파페로폴리-캐츠빌-독스버그 경로를 이용하려면 4000/100 + 5분, 즉 45분이 소요된다. 반면 파페로폴리-독스버그 직행 경로는 50분이 소요된다. 그러나 모든 사람이 해당 경로를 택하면 주행을 완료하는 데 걸리는 총시간은 4000/100 + 5 + 4000/100 = 85분으로 증가한다. 새 도로가 생겼는데도 불구하고 말이다. (사실 바로 그 도로 때문이다!) 그 결과 사람들이 들고일어나 로커덕은 도로를 파괴할 수밖에 없었으며…… 평소처럼 모자나 셔어

---

2 파페로폴리에 사는 만화 캐릭터.
3 역시 만화 캐릭터.

먹어야 했다.

뭐, 나는 조르조 카바차노[4]가 이 줄거리를 바탕으로 이 야기를 그리지 않으리라는 것을 안다. 그러나 이 이야기 뒤 의 수학은 모두 사실이며, 이름도 가지고 있다. 바로 브라에 스의 역설인데, 이것을 처음 논의한 독일 수학자 디트리히 브라에스(Dietrich Braess)의 이름을 따서 명명한 것이다. 이 역설의 이면에 있는 것을 이해하기 위해서는, 게임 이론 분 야로 들어가 몇 가지 설명을 할 필요가 있다. 이 분야는 수 학과 경제학의 중간에 있고, 일부 수학자는 노벨상 또는 더 정확히 말해 '알프레드 노벨 기념 스웨덴 중앙은행 경제학 상'을 수상하기도 했다. 이론에서 다루는 '게임'은 체스나 브 리지 또는 포커가 아니라, 둘 또는 그 이상의 참여자가 상호 작용하면서 그 속에서 최대한 이익을 얻으려고 노력하는 것 을 말한다. 일반적으로 현실 세계에서 일어나는 일을 매우 단순화한 모델을 연구하며, 이를 통해 왜 경제학이 관련되 어 있으며, 왜 이론과 실제 사이에 간극이 존재하는지 이해 할 수 있다.

지금의 경우와 같은 게임은 종종 비협조적 게임으로 분 류된다. 여기서는 모든 플레이어가 다른 플레이어에게 어떤

---

4 Giorgio Cavazzano, 이탈리아 만화가.

일이 발생하든 상관없이 자신의 이익을 극대화하고자 한다. 간단히 말해, 돈을 조금 더 벌기 위해서라면 할머니도 죽일 거라고 말할 때와 어느 정도 비슷하다. 비협조적 게임에는 내시 평형(영화 〈뷰티풀 마인드〉의 그 내시 맞다)이라고 하는 특정한 하나 혹은 그 이상의 전략이 존재하는데, 거기서는 어떤 참가자도 다른 일을 하면 안 된다. 그러면 질 것이기 때문이다.

이야기 시작 부분에서 통근자들이 똑같이 나뉜 것이 내시 균형의 하나다. 만약 누군가 경로를 바꾼다면 그 길에는 더 많은 사람이 있게 되어 더 느리게 갈 것이다. 문제는 캐츠빌-독스버그 도로가 개통되면 내시 평형이 '환상도로를 통과하는' 것으로 바뀐다는 것이다. 통근자들을 위한 가장 현명한 해결책은 새로운 도로를 무시하는 것이다. 그러나 그것은 모두의 동의가 필요한 협력적인 선택이므로 적용될 수 없다. 만약 누군가 혼자만 환상도로를 사용하지 않기로 선택한다면 그 사람만 손해를 보게 된다. 이득이 있으려면 많은 사람이 길을 바꿔야 한다.

예방 접종과 같이, 이기적인 행동이 장기적으로 손해인 또 다른 예도 있다. 백신은 항상 합병증 가능성이 조금 있다. 그런 이유로 어떤 사람이 자기 자식에게 백신을 접종하지 않기로 결정한다면 확실히 이점이 있다. 왜냐하면 다른

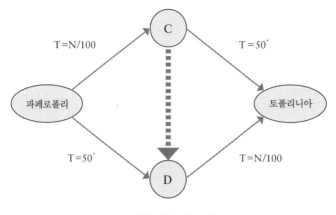

그 길을 건설하지 마라!

모든 사람이 백신을 접종하면 그 질병은 유행할 수 없기 때문이다. 그러나 이 '지능적인' 추론을 많은 사람이 하기 시작하면 질병이 퍼질 수 있고, 모두가 손해를 보게 된다.

그러나 브라에스의 역설은 한층 더 인상적이다. 왜냐하면 이 경우 가용한 선택이 더 증가했다고 말할 수 있기 때문이다. 도로 교통의 경우뿐만 아니라 배전과 같은 다른 분야에서도 역설이 작동하는 것이 관찰된 실제 사례가 있다. 마르크스주의자는 자유시장이 항상 만병통치약은 아니라고 논평할 수 있고, 환경주의자는 새로운 고속도로 건설에 반대하는 투쟁을 위한 새로운 화살을 메길 수 있다. 내가 말할 수 있는 것은 그것이 수학의 잘못은 아니라는 것이다.

언제나 다른 차선이 더 빠르다

머피의 법칙이 적용되는 예 중 가장 잘 알려진 것은 '다른 줄이 항상 더 빠르다'는 것이다. 예를 들어 우리가 슈퍼마켓에서 한 계산대를 선택한다면, 우리 계산원이 옆에 있는 계산원보다 더 서툴지 어느 정도 확신할 수 있다. 그래서 그 계산원을 한번 쓱 보고 느린 줄을 피할 경우 우리 앞에 있는 누군가가 가격에 대해 불평하면서 줄 전체를 가로막는다든가 하는 일이 반드시 일어난다. 이런 때는 운에 기대는 것 말고는 할 수 있는 게 없다.

우리가 계산대에 다가갔을 때, 줄 끝에 있는 사람을 살펴보면 누가 가장 먼저 계산할지 확인할 수 있다. 그러나 같은 경우가 차량 행렬에 적용되면, 폴 크루그먼(Paul Krugman)과 스티븐 스트로가츠(Steven Strogatz)가 몇 해 전 「뉴욕 타임스」 지면에서 논쟁한 것처럼, 완전히 다른 답이 나온다. 우리가 있는 차선이 더 느린 경우가, 다른 차선에 있는 사람

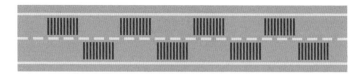

부분부분 행렬

에게도 동일하게 적용된다는 의미에서, 어떻게 수학적으로 완벽하게 설명되는지 살펴보자. 불가능하다고? 아니, 수학적이다.

편도 2차선 고속도로에서 4km 길이의 차량 행렬에 있다고 상상해보자. 사실 이것은 행렬의 문제가 아니라 느린 속도의 문제다. 경로의 절반은 시간당 10km를 가고, 나머지 절반은 시간당 30km를 간다. 우리 삶을 더 간단하게 만들기 위해 아무도 차선을 바꾸지 않는다고 가정하자. 이 가정이 스키 대회를 하듯 자동차를 모는 것이 축구 다음가는 국민 스포츠인 이탈리아에서는 완전히 터무니없다는 것을 알지만, 안 그런 척해보자. 그러면 어떻게 될까?

분명히 두 차선의 자동차는 4km를 같은 시간에 주행할 것이다. 여러분도 잘 알겠지만 그 시간은 12분이 아니다. 12분은 시속 20km로 내내 달렸을 때 걸리는 시간이다. 시속 10km로 달리면 1km를 가는 데 6분이 걸리는 반면, 시속 30km로 달리면 2분이 걸리므로, 총주행시간은 16분이다. 그러나 무슨 일이 일어났는지 다시 확인해보라. 총 16분

중 4분은 빠른 차선에서 보냈고, 그보다 세 배가 긴 12분 동안은 다른 차선이 당신이 달리는 차선보다 빠른 것을 보면서 투덜거렸을 것이다. 이 시나리오는 완벽히 대칭되도록 세운 것이므로 똑같은 일이 다른 차선의 운전자에게도 발생한다.

그러나 훨씬 더 놀라운 결과를 얻을 수 있다. 다른 차선의 차들은 붐비는 구간에서는 시속 5km로 가고, 막히지 않는 구간에서는 시속 20km로 간다고 해보자. 분명히 그 불운한 운전자들은 그 끔찍한 4km를 완주하는 데 당신보다 더 오랜 시간이 걸릴 것이다. 그러나 위에서 한 분석은 그대로이기 때문에 당신에게는 그들이 더 빠르다고 생각될 것이다.

수학에서 이러한 거동은 레델마이어(Redelmeier)의 역설로 알려져 있다. 슈퍼마켓 계산대에서 줄 서는 경우 이러한 역설이 발생하지 않는 이유는 무엇일까? 아마도 머피가 자동차보다 카트를 더 좋아해서일까? 당연히 아니다. 단순화된 두 차선 모델에서 우리는 빠르게 이동하는 거리와 느리게 이동하는 거리가 같다고 가정했고, 따라서 거리의 관점에서 생각한 것이다. 슈퍼마켓 줄에서는 이것이 상관없다. 왜냐하면 우리는 컨베이어벨트 몇 미터 앞에 대해 관심이 없기 때문이다.

만약 반대로 시간적 관점에서 생각해, 전체 시간의 20% 동안은 더 빠르게 이동하고 나머지 80% 시간 동안은 느리게 이동한다고 가정하면, 역설이 무너지고 머피의 법칙이 우위를 점한다. 갑작스러운 차선 변경이나 감속의 파동으로 인해 무슨 일이 발생할지는 문제 삼지 않기로 하자. 이에 대해서는 뒤에서 이야기할 것이다.

내 친구들은 나보다 더 친구가 많다

피너츠네 테이블에 밸런타인데이 파티가 차려졌다. 아이들이 한 묶음의 밸런타인 카드(인사장으로, 미국에서는 남자친구나 여자 친구에게 줄 뿐만 아니라 친구끼리도 주고받는다)를 가지고 도착했다. 파티가 끝나면 다들 받은 밸런타인 카드 다발을 가지고 집으로 돌아간다. 그런데 슬프게도 빈손인 찰리 브라운은 예외다. 맞다. 당신은 말하겠지. 아무도 찰리 브라운을 신경 쓰지 않으니 다른 애들 모두 찰리보다 더 많이 가진 친구가 있는 것을 봐도 놀라지 않을 거라고.

그러나 실제로는 우리 중 대다수가 찰리 브라운이다. 물론 우리는 친구가 있다. 그렇지만 보통 우리 친구들은 평균적으로 우리보다 더 많은 친구가 있다. 잰말놀이와 역설 사이에 있는 이 진술은 경험적으로 입증되었다. 2011년 5월에 두 명의 박사 과정 학생이었던 요한 우간더(Johan Ugander)와 브라이언 캐러(Brian Karrer)는 전체 페이스북 구조를 활용해(당시에는 사용자가 고작 7억 2,100만 명이었다) 친구 네트워크를 조사한 결과 93%의 경우 우리 친구들이 가진 평균 친구의 수가 우리가 가진 친구의 수보다 많다는 것을 발견했다. 사용자들은 평균적으로 190명의 친구가 있었고, 반면에 우리 친구들은 평균적으로 세 배 넘는(정확하게는 635명의) 친구가 있었다. 음모일까? 거짓 데이터일까? 항상 그렇듯이 대답은 훨씬 간단하지만 좀 더 멀리 끌고 가보는 게 낫다.

완전히 다른 유형의 예부터 시작해보자. 나는 최소한의 몸 상태를 유지하기 위해 의식적으로 웨이트 리프팅에 전념한다. 비록 미스터 근육남은 아니지만, 나도 평균은 된다고 생각한다. 하지만 어떤 시간에 체육관을 가더라도 항상 보디빌더들에게 둘러싸여 있는 느낌을 받는다. 처음 볼 때는 이것이 당혹스럽다. 이러한 부조화의 원인은 무엇일까? 글쎄, 체육관 죽돌이들은 그 이름에서 알 수 있듯이 일반인보다 체육관에서 더 많은 시간을 보낸다. 따라서 다른 일반 이용자보다 보디빌더를 만날 확률이 훨씬 더 높고, 따라서 느낌상 근육질 남성의 비율은 체육관 등록 회원의 데이터를 확인해 얻을 수 있는 실제 비율보다 더 크다.

두 번째 예로 당신이 교사인데 두 개의 반을 가르치고 있다고 상상해보자. 첫 번째 반은 입문 과정으로 90명의 학생이 있고, 두 번째 반은 10명이 등록된 고급 세미나 과정이다. 교수법적 고려 사항은 제쳐두고, 평균적으로 학급당 50명의 학생이 있는 것은 분명하다. 그러나 학생의 관점에서 보면, 90명에게는 반이 90명으로 구성되어 있고 다른 10명에게는 반이 10명으로 구성되어 있다. 따라서 평균적으로 보면 $(90 \times 90 + 10 \times 10)/(90 + 10)$ 학생이 있으므로, 한 반에 평균적으로 82명이 있는 것이다.

다시 한번 뭔가 잘못되었다. 그렇지만 패턴이 더 명확해졌어야 한다. 차이점은 객관적인 것(회원 카드와 학생을 세는 것)과 주관적인 것(당신의 동료)의 차이다. 기준 집합들(즉, 아주 적은 시간만 체육관에 머무르는 이따금 체육관에 들르는 사람과 언제나 거기에 있는 단골들 또는 붐비는 교실에 있는 학생들과 몇 명의 가까운 친구만 있는 세미나 반 학생들) 사이에 차이가 있을 때 집합의 각 원소를 기준으로 평균을 계산하므로, 많은 연줄을 가진 사람은 훨씬 더 많이 계산되어 전체 평균이 왜곡된다. 이제 다음 페이지의 그림과 같은 작은 집합으로 계산해보자.

원은 사람을 나타내고, 그들을 연결하는 선은 친구 관계를 나타낸다. 각자의 친구를 더하면 네 사람의 친구 관계는 $2+3+3+2=10$(각 관계가 두 번 계산됨)이고, 각각 평균 2.5명의 친구가 있다. 이제 '친구의 친구'의 평균을 보자. 혀

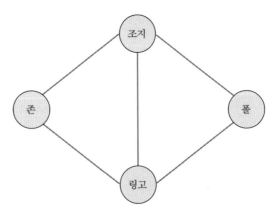

우리는 리버풀에서 4명의 친구였다

가 잘 안 돌아가는 이 말은 다음과 같이 해석된다. 우리는 각 개인에 대해 그의 친구를 고려하고, 그 친구들 각각에 대해 그의 친구를 고려해, 끝에 가서 평균을 낸다. 존에게는 조지와 링고라는 2명의 친구가 있는데, 그들은 각각 3명의 친구가 있다. 폴도 마찬가지다. 따라서 그들의 친구는 평균 3명의 친구가 있다. 조지와 링고에게는 3명의 친구가 있다. 2명(존과 폴)은 각자 2명의 친구가 있고 1명은 3명의 친구가 있다.

친구당 평균 친구 수는 7/3이다. 따라서 전체 평균은 8/3이고, 앞서 계산한 값보다 약간 더 크다. 친구 관계 구조가 더 빈약할수록 평균 친구 수 사이의 차이도 더 벌어진다. 링고가 유일한 친구인 엘리너(링고의 친구가 아니던가?)를 친구 관계 그래프에 추가하면 총 친구 관계의 수는 12가 되고 평균 친구 수는 2.4명으로 떨어진다. 그러나 친구들은 평균적으로 각각 3.13명의 친구를 가지고 있다. 페이스북 데이터에서도 비슷한 일이 발생한다.

그렇지만 조심하길! 이 겉보기의 역설은 페이스북에서는 작동하지만, 트위터 팔로워에 대해 같은 계산을 해보면 완전히 다른 결과가 나온다. 사실 누군가를 팔로우하는 것은 대칭적인 행위가 아니다. A는 B를 따를 수 있지만, B는 A의 존재를 아예 모를 수도 있다. 따라서 앞서 두 반의 예에서 봤던 곱셈 인수(한 반의 모든 학생이 다른 학생의 반 친구인 것)는 더 이상 유효하지 않다. 요컨대 트위터는 더 간단한 상태를 가지는 페이스북이 아니며, 거기에는 근본적인 차이가 (적어도) 하나 있다.

나를 피해 다니는 엘리베이터

『퍼즐 수학』의 서론에서, 공동 저자인 조지 가모프(George Gamow)와 마빈 스턴(Marvin Stern)은 1956년 여름 두 사람 모두 항공 회사인 컨베어(Convair) 건물에 있었다고 말한다. 직원이었던 스턴은 6층에 있었고, 컨설턴트였던 가모프는 2층에 있었다. 가모프는 종종 스턴의 사무실에 올라갔다. 하지만 그는 평균 여섯 번 중 다섯 번꼴로 처음 도착하는 엘리베이터가 올라가는 게 아니라 내려간다는 것을 깨달았다. 그래서 스턴에게 혹시 컨베어에서는 엘리베이터를 옥상으로 나른 뒤 지상층에서 엘리베이터를 없애는 게 아닌지 물었다. 스턴이 대답했다. "그럴 리가. 내려가는 엘리베이터를 탈 때 어떻게 되는지 확인해보게……." 얼마 후 가모프가 그에게 말했다. "자네 말이 맞았어. 내려갈 때는 여섯 번 중 한 번만 처음 도착하는 엘리베이터가 내려가는군. 그렇다면 엘리베이터가 지하에서 멈춘 뒤 비행기를 이용해 옥상으로 옮

기는 건가?" 그리고 스턴은 "물론 아니지! 하지만 자네의 경
험적 관찰을 통해 건물이 7층 높이라는 것을 보일 수 있다
네." (미국에는 '0층'이 없고 지상층이 1층이라는 것을 기억하자.)
어떻게 된 것일까?

계산을 단순화한다면 설명은 아주 간단하다. 매우 느린
엘리베이터가 딱 한 대만 있는데, 이것이 층마다 서고 한 층
에서 다른 층으로 이동하는 데 1분이 걸린다고 가정해보자.
10시에 지상층에 있었다면, 10시 1분에는 2층, 10시 2분
에는 3층, 10시 6분에는 7층에 도착할 것이다. 이 시점에서
내려가기 시작한다. 10시 7분에 6층, 10시 8분에 5층, 그
리고 10시 12분에 한 번의 주기가 종료되고 지상층에 다시
돌아올 것이다. 만약 가모프가 2층에 있는 자신의 사무실을
나서 엘리베이터 앞에 10시에서 10시 1분 사이 또는 10시
11분에서 10시 12분 사이 도착한다면 올라가는 엘리베이
터가 올 것이고, 나머지 10분 사이에 도착하면 내려가는 엘
리베이터가 올 것이다. 6층에서 내려올 때도 대칭적인 결과
가 발생한다. 이 악명 높은 여섯 번 중 한 번의 비율은, 실제
로 만약 아래보다 위에 더 많은 층이 있다면, 우리가 엘리베
이터를 부를 때 엘리베이터가 아래가 아니라 위에 있을 확
률이 더 크다는 사실에 대한 수학적 설명이다. 흥미로운 점
하나. 가모프와 스턴은 그들의 책에서 엘리베이터가 하나

이상인 경우에도 동일한 추론이 분명히 적용된다고 주장한다.

12년 후 도널드 크누스(Donald Knuth)는 한 기사에서 첫 번째 엘리베이터가 층수가 더 많은 방향에서 더 자주 오는 것은 사실이지만, 확률이 달라져 엘리베이터 수가 증가함에 따라 50%가 되는 경향이 있다고 주장했다. 절대로, 직감을 전적으로 믿지는 마라!

수학적 엘리베이터에서 실제 엘리베이터로 옮겨가보면, 건물에 엘리베이터가 두 개 이상 있을 때 엘리베이터 관리 소프트웨어가 너무 지능적인 탓에, 엘리베이터를 부르는 데 시간을 낭비할 수 있다는 것을 알면 흥미로울 것이다. 예를 들어 당신이 지하 3층 주차장에 있고, 두 대의 엘리베이터가 1층과 4층에 있다고 가정해보자. 당신이 엘리베이터를 부르면…… 3층에 있는 엘리베이터가 온다. 다른 엘리베이터보다 두 배의 거리를 와야 한다. 왜 그럴까? 두 번째 엘리베이터가 우연히 나쁜 일을 당한 적 있어 지하로 내려오는 걸 겁내는 것일까?

이유는 훨씬 더 무미건조하다. 사람들 대부분이 입구에서 곧바로 도착하기 때문에 엘리베이터는 1층에서 우선 서도록 프로그래밍되어 있다. 언제 한 무리의 사람이 급작스럽게 도착할지 알 도리가 없으니 말이다. 그들이 너무 오랜 시간 기다리지 않도록 하는 게, 한 사람이 몇 초 더 기다리는 것보다 낫다.

아니면 당신이 6층에 있고 내려가기 위해 엘리베이터를 부른다고 상상해보자. 두 대가 있는데 하나는 5층에 서 있고 다른 하나는 3층에 서 있다. 5층에 있는 것은 내려가기 시작하고, 3층에 있는 것은 올라오기 시작해 당신이 있는 층을 지나쳐 계속 올라간다. 아주 좋은 이유로 엘리베이터는 또한 2층에서는 올라가는 부름을 받았고, 8층에서는 내려가는 부름을 받았기 때문인지도 모른다. 비록 누군가는 더 오래 기다려야 할지라도, 이런 식으로 평균 대기 시간이 최적화된다. 우리끼리 이야기지만, 나는 이것이 엘리베이터들이 종종 1층에 있을 때만 층을 나타내는 표시기가 있는 진짜 이유라는 걸 알고 있다. 그러면 기다리는 사람들은 화를 낼 데이터가 없다.

마지막으로, 수학은 기다리는 시간을 줄이는 데 도움이 될 수 있지만, 심리학은 인지된 시간을 줄이는 데 훨씬 더 유용할 수 있음을 기억해야 한다. 어떤 도시의 전설에 따르면 사무실에 매우 느린 엘리베이터가 있는 어떤 회사의 엘리베이터 문 근처에 거울을 놓았더니 사람들은 도착을 기다리며 옷차림을 가다듬기 시작했고 더 이상 느린 것에 대해 불평하지 않았다. 천재적이지 않은가?

버스 삼총사

약 20년 전 나는 2번 버스를 타고 출근했다. 이론상으로는 토리노 교통망의 주요 노선 중 하나여야 했지만 예산 부족으로 결국 트램(노면전차)으로 전환되지 않았다. 노선에는 실제로 많은 버스가 있었다. 유감스럽게도 버스들은 두 대가 한꺼번에 도착하는 나쁜 버릇이 있었다. 심지어 세 대가 열을 지어 도착할 때도 있었다. 그 이유는 버스가 종종 외로움을 느껴서 그런 것도 아니고, 운송 회사 측의 변태적인 시간표 때문도 아니었다. 흔히 이야기하는, 통계는 단지 평균적으로만 작동한다는 주장의 단순한 논리적 귀결일 뿐이다.

종점에서 버스가 5분마다 출발하는 노선을 예로 들어보자. 완벽한 세상에서는 사람들이 일정한 간격으로 정류장에 도착하고, 교통은 원활하고, 찬란한 녹색불의 파동이 있을 것이다. 글쎄, 양방향으로 녹색불의 파동을 일으키려면,

주요 교차로 사이의 거리를 정확하게 계산해서 도시를 딱 맞게 건설해야 한다. 그러면 모든 버스가 동일한 신호등을 연속적으로 만날 거라고 말할 수 있다. 하지만 우리는 완벽한 세상에 살고 있지 않다! SUV 하나가 도로를 가로막아 운전기사가 급정거하는 바람에 녹색 신호를 놓치거나, 어떤 정류장에 한 무리의 젊은이가 있어 시간을 약간 허비할 수도 있다. 그 결과 버스는 운행시간표보다 점점 뒤처지기 시작한다. 그러나 버스가 늦으면 늦을수록 정류장에는 버스가 도착하기를 기다리는 사람이 더 많이 모이게 되어 이런 식으로 점점 더 늦어진다.

이것은 다시 그다음 버스는 더 적은 인원을 태우고 예정보다 조금 더 일찍 출발할 수 있음을 의미하고, 여기에 첫 번째 버스의 지연이 더해지면 앞서가는 차 뒤에 붙어서 가게 될 수도 있다. 이 시점이 되면 두 버스는 한 대처럼 행동한다. (사람들이 뒤에 있는 버스는 무시하고 앞에 있는 버스에 타려고 몰려드는 것을 본 적 있는가?) 그러면 두 차는 더더욱 늦어지고 때로는 세 번째 버스가 행렬에 합류하기도 한다.

이론적으로는 이것이 무한정 계속될 수 있지만, 종점에서 종점까지의 여정이 한 시간 이상 지속되는 경우는 드물어 실제로는 이러한 버스 행렬의 길이가 제한된다. 요컨대 버스들이 몰리는 것은 어떤 역설 때문이 아니라 통계의 단순한 응용일 뿐이다. 또한 실제로는 버스의 빈도가 늘어나면 차량이 몰릴 확률이 크게 늘어난다. 30분 간격으로 운행되는 노선에서는 두 번째 차량이 첫 번째 차량을 따라잡기가 쉽지 않다. 불쌍한 승객들에게는 다행스러운 일이다!

그런데 기다리는 시간에 관계된 진짜 역설이 있다. 이것은 세 대의 버스가 한꺼번에 몰릴 때 드러난다. 만약 두 대만 있으면 이상한 일이 일어나지 않는다. 이론적으로는 한 버스 노선에서 15분 간격으로 운행해야 하지만 세 대가 한꺼번에 몰린 경우를 생각해보라. 실제로 두 번째와 세 번째 버스가 앞선 버스로부터 각각 1분 거리를 지나간다면, 당신은 이어서 오는 세 대의 버스 행렬 중 첫 번째 버스일 수 있는 네 번째 버스가 오기까지 43분을 기다려야 한다. 또한 정류장이 커브 길에 있어 멀리서 오는 차량을 볼 수 없다고 상상해보라. 당신 생각에는, 당신이 정류장에 도착했을 때 버스가 막 떠나는 것을 봤을 때와 아무것도 보이지 않을 때 중 어느 경우에 다음 버스가 올 때까지 더 적은 시간을 기다리겠는가?

첫 번째 경우의 계산은 빠르게 할 수 있다. 각각의 버스를 봤을 확률은 3분의 1이다. 두 경우에는 기다리는 시간이 1분이고, 세 번째라면 기다리는 시간이 43분이 되어, 평균은 15분이 된다. 반면 두 번째 경우는 상황이 매우 다르다.

운 없는 시간 구간에 도착했을 확률은 45분의 43이다. 이 경우 평균적 대기 시간은 간격의 절반, 즉 21분 30초다. 물론 평균 대기 시간이 30초인 다른 두 가지 경우가 있지만 그건 가능성이 매우 낮으므로 평균 대기 시간은 여전히 21분에 가깝다. 말인즉슨 버스를 놓치는 것이 차라리 놓치지 않는 것보다 낫다는 걸까? 글쎄, 꼭 그렇지는 않지만…… 함께 기다리는 사람들이 그렇게 믿도록 할 수는 있다!

스톱 앤 고

내 생각에 이소라디오[5]의 안내방송을 듣는 것은, 심지어 나처럼 안내방송 사이에 나오는 흘러간 음악을 감상하는 사람에게도 순수한 마조히즘이다. 예를 들어 '서행'이 실제로는 한 시간 동안 움직이지 않는다는 것을 의미하지는 않을 거라고 믿는 것은 신앙 행위이며, 실제 상황보다 안내방송이 언제나 늦다는 것은 말할 것도 없다. 2km로 보도된 행렬은 아마도 10km이거나 아니면 모든 차가 증발한 것처럼 꼬리가 아예 없을 수도 있다. 여기에 때때로 이소라디오든 아니든, 당신이 몇십 분 동안 이를테면 사람이 걷는 속도로 가다가 갑자기 차들이 속도를 내기 시작해서 보면 사고가 난 것도 차선을 제한하는 통상적인 작업 현장도 보이지 않는다. 일단 차선 차단이 끝나면(그러나 만약 한 차선만 남아 있

---

5 Isoradio. 이탈리아 고속도로 교통 안내 라디오 방송.

으면 차선 좁힘이 시작할 때도 역시) 교통이 흘러갈 것이다. 그런데 아무것도 없다면? 정말로 장애물이 증발한다는 가설을 세워야 할까? 이번 역시 그 답은 수학을 통해 얻을 수 있으며, 첫눈에 생각하는 것보다 훨씬 더 간단하다.

교통량이 많은 1차선 도로에서 시작하자. 모든 차량이 시속 80km로 달리고 서로 너무 가까워 다른 차량이 두 차 사이에 안전하게 끼어들 수가 없다. 즉, 도로는 최대 용량으로 차 있다. 이때 누군가 어떤 이유로든 갑자기 속도를 줄이는 경우를 상상해보라. 우리는 낙관주의자니까 사고는 없다고 가정한다. 모든 차가 멈춰 서면서 서로 더 가까워지고 두 차 사이 거리는 수십 센티미터로 줄어들 것이다. 위에서 이 상황을 지켜보면, 비록 충돌은 없더라도 물리학자들이 충격파라고 부르는 현상을 볼 수 있다.

차량 사이 거리의 압축(더 느리게 주행하면 더 가까이 붙을 수 있다)은 차들이 가는 방향과 반대 방향으로 움직인다. 맨 앞의 운전자가 다시 속도를 내기 시작하면, 다른 운전자들 역시 하나둘 가속하기 시작해 파동이 해소될 것이다. 그러나 운전자가 자유롭게 가도 된다는 것을 깨닫기까지 몇 분의 1초가 걸리기 때문에, 차량 간 거리는 증가하고, 교통량이 갑자기 줄어든 것처럼 생각된다.

순환도로에서, 예의 약삭빠른 누군가가 옆 차선이 시속

2km 더 빠르게 달리는 것처럼 보여 차선을 옮겨가면, 충격파가 부가적으로 발생한다. 그가 끼어드는 즉시 충격파가 생성되고 그 덕분에 수백 명의 사람에게 속도를 줄이는 즐거움을 주게 된다.

도로의 용량을 초과하는 문제는, 매우 간단한 이유로 인해, 러시아워 때 차량 정체로 이어진다. 초록불이 1분 동안 지속되는 사이 20대의 차량이 지나갈 수 있고, 초록불이 다시 켜질 때까지 1분을 기다려야 하는 신호등이 있다고 상상해보자. 도로의 용량은 따라서 분당 10대 또는 시간당 600대다. 만약 차들이 일정한 흐름으로 도착하면, 어떤 차는 빨간불을 만나겠지만 처음 켜지는 초록불에는 지나갈 것이다.

그러나 만약 차량 흐름이 분당 11대라면 어떤 일이 벌어질까? 첫 번째 신호등 사이클이 지나고 나면 2대가 정지 상태로 남아 다음 초록불을 기다려야 한다. 두 번째 사이클에서는 4대가 되고, 이런 식으로 계속해서 10분이 지나면 모든 차량이 신호를 최소한 두 번 받아야 통과할 수 있다. 더 나쁜 것은, 더 뒤쪽에 덜 중요한 도로가 있는 교차로가 있고, 거기서는 초록불이 75초 동안 지속되어 20대가 아니라 25대가 통과할 수 있다고 상상해보라. 차량 행렬이 해당 신호등에 도달하면, 비록 신호가 초록불이더라도 정지할 수밖에 없다. 왜냐하면 더 이상 전진할 수 없기 때문이다. (이탈리아에서는 예외다. 이탈리아 사람들은 교차로 가운데 멈춰 서서 반대 방향의 흐름을 막아버리는 경향이 있다. 그러나 이것은 수학 범위 밖의 일이다.)

이렇게 우리는 도로의 여러 부분 중 최소 용량이 어떻게 전체 용량이 되는지 실험적으로 보았다. 이는 쇠사슬에서 부서지는 것이 가장 약한 고리인 것과 같다. 비록 교통량이 한 도로의 용량보다 적더라도 결국에는 초록불의 파동(이 역시 충격파의 일종이다!)이 발생한다. 이것은 사소한 일이 아니다. 초록불이 켜졌을 때 가속하는 데 걸리는 시간을 고려해야 하므로, 신호등이 최고 제한 속도보다 낮은 속도로 조정되어야 할 뿐만 아니라 교통은 양방향으로 움직이므로, 비록 도로가 서로 수직으로 교차하는 최적의 상황이라 하더라도 한 방향에 초록불의 파동이 일어나도록 궁리하면 다른 방향에서는 빨간불의 파동을 일으킬 위험이 있다는 사실을 기억해야 한다.

처음부터 새로 지어진 도시에서는 양방향의 흐름 둘 다 초록불의 파동을 만날 수 있도록 하는 거리에 주요 교차로를 놓을 수 있다. 가장 간단한 해결책은 모든 신호등을 동시에 켜고 새로운 초록불 사이클이 시작될 때 다음 교차로에 도착하는 거리를 계산하는 것이지만, 더 잘할 수도 있다. 그렇지만 우리 도시들에서는 이것이 불가능하다. 도시계획자들은 다 무시하고 (일반적으로 이탈리아에서 발생하듯) 신호등을 무작위로 설정하거나, 모든 사람이 불만족스러워하는 타협점을 찾든가, 아니면 한 방향(이 경우 아마도 근교 방향)에 특혜를 줄 수 있다. 상황은 최적이 아니고, 수학은 도움이 될 수도 있지만…… 마법사가 비단 모자에서 토끼를 꺼내는 것처럼은 분명히 아니다.

마구잡이식 걷기

금요일 밤, 아니 그보다는 거의 토요일 아침이다. 당신은 술을 그렇게 많이 마시지 않았다고 확신하지만, 어쩌다 부두의 인도교 위에 있게 되었는지 잘 모른다. 이 다리는 꽤 좁아서 앞이나 뒤로만 갈 수 있다. 단단한 땅을 향해 걸어가지만, 정신이 너무 몽롱해 걸음마다 두 방향 중 하나를 되는 대로 선택한다. 단단한 땅에 도착할 수 있을까? 또는 건강에는 별로 좋지 않겠지만 적어도 정신이 조금 들게 해줄 해수욕을 하게 될까? 아니면 술이 깰 때까지 계속 앞뒤로 걷게 될까?

술고래의 행진은 1차원 마구잡이식 걷기의 전형적인 예다. 공정한(앞뒷면이 똑같은 확률로 나오는) 동전을 던져서 이것을 시뮬레이션해볼 수 있다. 앞면이 나오면 1을 더하고 뒷면이 나오면 1을 뺀다. 그리고 이것을 그래프로 그린다. 다음 그림에서 실험의 가능한 결과 중 하나를 볼 수 있다.

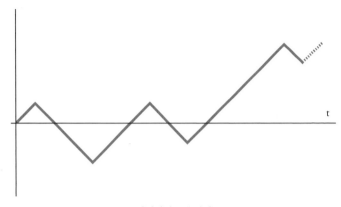

여기저기로 움직임

수평축은 시간의 경과를 나타내고, 수직축은 여러 순간의 위치를 나타낸다. 명백한 대칭성으로 인해 (물리학자들이 통상적으로 말하듯이) 특정한 횟수를 던진 뒤 원점에 대한 평균 변위는 0이다. 바꾸어 말하면 공정한 동전으로 앞면 또는 뒷면 내기를 하면 평균적으로 따지도 잃지도 않는다는 의미다.

　그러나 생각해볼 더 흥미로운 질문은 n 걸음 후 원점으로부터 평균적으로 얼마나 떨어져 있느냐이다. 그 둘은 왜 같지 않을까? 간단하다. 술고래들이 잔뜩 있어, 그들이 각각 인도교 위에서 이리저리 비틀거린다고 생각해보자. 우리가 말했듯이, 어떤 일정한 시간이 지나면, 평균적으로 술고래의 절반은 한 방향으로 가고 다른 절반은 반대 방향으로 가서 서로 평형을 이룰 것이다. 그러나 이것이 그들 모두가 시작했던 곳으로 돌아갈 것이라는 의미는 분명히 아니다. 그들 중 많은 수가 가까이 있을 것이고, 어떤 사람들은 상당히 멀리 가 있을 것이다. 그리고 우리는 원점으로부터 떨어진 거리의 절댓값 평균을 알고 싶은 것이다.

큰 숫자의 진정한 법칙인 중심 극한 정리(central limit theorem)가 도움이 된다. 이 정리는 n번 던진 후 원점으로부터의 평균 거리가 $\sqrt{2n/\pi}$ 라고 알려준다. 이것은 첫눈에 전혀 직관적이지 않아 보이는 두 가지 논리적 귀결로 이어진다. 우선, 당신에게 충분한 시간이 있다면(사실은, 무한한 시간이 있다면) 모든 정수값에 도달할 것이다. 심지어 우리가 원점에서 멀리 떨어져 있는 것으로 보일 때도 되돌아가서 그 너머로 갈 가능성이 언제나 있으므로, 그저 서두르지만 않으면 된다.

이것은 상습 도박꾼이 카지노에서 돈을 잃었을 때 하는 말이다(반면 이길 때는 '바로 그날'이기 때문에 계속한다). 그러나 카지노에 대해 한마디하자면, 비록 완벽하게 공정한 게임이 있다고 해도, 당신이 아주 오래 하면 당신이 빌 게이츠가 아닌 한 거의 확실히 돈을 다 잃는다는 것을 증명할 수 있다. 사실 당신이 가진 초기 자본은 딜러의 자본보다 훨씬 적기 때문에, 초기 자본보다 훨씬 많은 돈을 벌고 있을 때조차 카지노보다는 당신이 한계에 도달하기가 훨씬 쉬울 것이다.

다차원으로 가면 어떻게 될까? 당신의 움직임이 오직 수직, 즉 앞/뒤 움직임에 더해, 좌/우 또는 위/아래(또는 4차원이라면 누가 알 수 있을까?)로만 움직일 수 있다고 상상해보라. 우리 술고래의 경로는 훨씬 더 다양해진다. 만약 2차원이고 한 걸음이 매우 작다면 움직임의 영상은 브라운 운동과 비슷하다. 그 움직임이 무작위 충돌 때문에 나왔다는 사실을 고려하면 전혀 이상한 게 아니다. 그러나 재미있는 일이 하나 일어난다. 2차원 경로의 경우, 즉 평면에 있는 경우 여전히 조만간 출발점으로 다시 돌아갈 것이(용어의 확률적 의미에서) 확실하다.

그렇지만 우리가 3차원으로 옮겨가면 상황이 완전히 달라진다. 세 번 중 한 번(따지기 좋아하는 사람을 위해서는 34.05%)은 원점으로 돌아간다. 다른 식으로 말해, ET가 만약 사실상 마구잡이로 움직였다면 우주에서 길을 잃은 것은 조금도 이상한 일이 아니다. 그러나 만약 쇼핑센터에서 친구를 잃어버리고 그가 휴대전화를 가지고 있지 않다면, 그를 다시 찾는 최선의 해결책은 그를 쫓아가는 것이 아니라 침착하게 그가 당신을 찾을 때까지…… 당신 친구가 같은 전략을 따르지 않으리라 가정하면서, 기다리는 것이다.

5장

컴퓨터 및 표준

머릿속의 영구 달력

우리가 쓰는 달력에는 문제가 있는데, 특정 날짜에 해당하는 요일을 결코 알 수 없다는 것이다. 달(month)들이 다른 요일로 시작될 뿐만 아니라, 더 나쁜 것은 1년이 52주와 하루(윤년의 경우 이틀)로 구성된다는 점이다. 그래서 해마다 탁상 달력을 바꿔야 한다. 달력 제작업자들로서는 기쁜 일이다. 그들은, 부활절(그리고 부활절 월요일)같이 날짜가 정해져 있지 않은 휴일을 고려하지 않더라도, 연도에 따라 제공할 수 있는 14개의 다른 견본을 가지고 있다.

마침내 누군가가 달력을 개혁해 우리 삶을 단순하게 만들어주기를 기다리는 동안, 우리는 특정 날짜의 요일을 빠르게 도출할 수 있는 몇 가지 기억법을 활용할 수 있다. 여기 하나가 있는데, 둠스데이(Doomsday, 심판의 날)라고 알려진 것이다. 수학의 모든 분야에서 이름이 나오는 수학자 존 호턴 콘웨이(John Horton Conway)가 생각해낸 것으로, 1582년

10월 15일(그레고리력의 첫 번째 날)부터 임의의 날짜에 해당하는 요일을 도출할 수 있다.

과정은 세 단계로 나뉜다. 현재 연도의 계산, 우리 세기의 계산, 그리고 끝으로 온전한 영구 달력이다. 콘웨이는 매년 한 달에 하루는 같은 요일에 일어나 기억하기 쉬운 어떤 날짜가 있다는 것에 주목했다. 그게 바로 둠스데이다(그리고 이탈리아의 일/월 형식과 미국의 월/일 형식 모두에서 유효하다는 숨은 이점이 있다). 먼저 4/4, 6/6, 8/8, 10/10, 12/12가 있다. 이것들은 2/2를 제외한 짝수 쌍이다. 홀수 달에는 5/9와 9/5, 7/11과 11/7의 혼합 쌍이 있다. 이를 기억하는 방편으로 콘웨이는 "나는 세븐일레븐에서 9시부터 5시까지 일한다"라는 니모닉[1]을 제안한다. 처음 세 개의 달이 남았는데, 거기서는 둠스데이가 좀 기이하다. 2월과 3월의 경우 '3월 0일(즉, 2월 28일 또는 29일)'로 떨어지고, 1월의 경우 '평년은 1월 3일이고 윤년은 1월 4일'이 된다. 현재 해의 둠스데이를 알면 약간의 정신적 운동을 통해 다양한 날짜를 편안하게 찾을 수 있다.

2020년의 둠스데이는 토요일이다. 2021년은 일요일이고, 2022년에는 월요일이 된다. 실용적인 목적을 위해선

---

1 mnemonic. 기억을 돕기 위한 단어나 문구.

162

여기서 멈춰도 된다. 그러나 만약 이번 세기의 어떤 해에 대해서도 둠스데이를 계산하고 싶다면, 예를 들어 아이에게 그가 태어난 요일을 알려주려면 상황이 조금 복잡해져, 두 자리 숫자로 나누는 방법을 알아야 한다.

다음은 2022년에 대해 실제 예로 든 알고리즘이다. 연도의 마지막 두 자리를 가져와(이 경우 22) 4로 나눈 몫(22를 4로 나눈 몫은 5이다)을 더하고(22+5=27) 나머지는 버린다. 그리고 마지막으로 마법 상수 2²를 더한다(27+2). 따라서 2022년의 합산은 29가 된다. 여기서 7의 가장 큰 배수인 28을 빼면 최종적으로 1을 얻게 된다. 해당 연도의 둠스데이는 얻은 값이 0이면 일요일, 1이면 월요일 등과 같이 된다. 약간만 훈련하면 암산으로도 충분히 계산할 수 있을 거라고 장담한다!

그러면 영구달력은 어떨까? 각 세기의 마법 숫자만 알면 충분하다. 가장 좋은 점은 400년마다 요일 주기가 반복된다는 사실이다. 따라서 오직 네 개의 마법 숫자만 알면 된다. 1600년, 2000년, 2400년……의 마법 숫자는 2다. 1900년, 2300년, 2700년……은 3이고, 1800년, 2200년, 2600년……은 5이며, 1700년, 2100년, 2500년……은

---

2 21세기에 해당하는 숫자로, 뒤에 설명이 나온다.

0이다.[3]

인생을 조금 간단하게 만들고 싶다면, 특히 지난 세기의 날짜들을 위해서는 20년 주기로 계산할 수 있다. 사실 20년 마다 다섯 번의 윤년이 있다. 따라서 계산에서 해당 연도에 추가할 값은 20+5=25다. 7의 가장 큰 배수를 빼면 마침내 25−21=4가 된다.[4] 예를 들어 존 레넌은 1980년 12월 8일에 사망했다. 연도 계산은 (20년이 네 번 지났으므로) 16에 20세기의 마법 숫자 3을 더한다(16+3=19). 그러면 둠스데이는 5(19−14=5)이므로 금요일이다. 따라서 12월 12일은 금요일이었고, 8일은 4일 전이므로 월요일이었다.

마지막으로 달력과 관련된 흥밋거리를 하나 말하자면, 세르반테스와 셰익스피어는 둘 다 1616년 4월 23일에 사망했다. 누가 먼저 죽었을까? 세르반테스다. 왜냐하면 당시 영국에서는 여전히 율리우스력을 사용하고 있었는데, 이는 그레고리력보다 10일 늦기 때문이다.

---

3 1800년은 금요일, 1900년은 수요일, 2000년은 화요일, 2100년은 일요일이다. 그레고리력은 400년마다 달력이 같아지므로, 금-수-화-일 순서가 반복된다.

4 20년마다 4를 더해주는 것으로 충분하다.

A4 용지

대부분의 이탈리아 사람에게 A4는 토리노와 트리에스테 사이 고속도로지만, A4가 일반 프린터에 사용되는 용지 규격이라는 것도 많이 알고 있다. 두 이름 사이에 어떤 관계가 있을까? 둘 다 표준화를 위해 태어났다는 점을 빼면 없다. 고속도로는 단순히 서로를 구별하기 위해 번호가 매겨졌으며, A로 시작하는 이유는…… 고속도로(autostrada)이기 때문이다. 그러나 아무런 구조 없이 숫자가 무작위로 붙는다. 예를 들어 A2와 A17에는 역사적 이유가 없는 반면, (로마를 감싸고 있는) 순환대로(Grande Raccordo Anulare)는 A90으로 번호가 매겨져 있지만 A-GRA라고 표시된다. 그러나 종이에서는 상황이 완전히 다르다.

종이, 책, 신문은 모두 직사각형이다. 드물게 정사각형 모양의 종이를 손에 들면 항상 뭔가 이상한 것처럼 생각된다. 하지만 어떤 종류의 직사각형을 사용할까? 황금 사각형의 아이디어가 즉시 떠오른다. 변 사이의 비율이 (1.6보다 약간 큰) 수학적 상수 φ이며 그 아름다움은 정말 많이 칭송받았다. 그러나 거기에는 '그러나'가 있다. 황금 사각형은 거의 항상 수평으로 놓고 보며, 긴 변을 수직으로 오도록 돌리면 텍스트가 절대로 끝나지 않는 것처럼 보인다. 사실 미국인들은 이 비율과 조금 비슷한 리걸(legal, 8.5×14인치)이라는 규격을 사용하는데, 각주에 많은 공간을 허용하기 때문에 쓰는 것 같다. 미국인들의 표준 사이즈인 레터(letter) 규격은 8.5×11인치 크기여서 훨씬 더 납작하다.

그러나 상황을 바로잡기 위해서는 독일인이 필요했다. 이미 1786년에 과학자 게오르크 크리스토프 리히텐베르크 (Georg Christoph Lichtenberg)는 종이의 두 변의 비율이 $\sqrt{2}$이면 경쟁적 이점이 있을 거라고 지적했다. 사실, 반으로 접으면 원래의 것과 같은 비율인 절반 크기의 종이를 얻는다. 이 아이디어는 20세기 초에 다시 나타나 바이마르 공화국이 (초인플레이션 직전이었던) 1922년에 제정한 DIN 476 표준에서 시작해 점차 퍼져나갔다. 예를 들어 이탈리아에서는 1939년에 이를 채택했고, 1975년에는 ISO 216이라는 이름으로 글로벌 표준이 되었다. 오늘날 이 표준은 전 세계에서 받아들여지고 있으며, 단 하나의 예외는 미국이다 (그 외에도 조금 더 있는데, 캐나다는 공식적인 표준이 없고 멕시코는 북쪽에 있는 거대한 이웃에서 종이를 수입하기 때문이다).

기본 규격은 A0로, 변 사이의 $\sqrt{2}$ 비율에 더해, 정확히 $1m^2$의 면적을 가지도록 정의된다. A1, A2, A3, …… 등으로 이어지는 각각의 규격 면적은 이전 크기의 절반이다. 따라서 A4(210×297mm)의 면적은 $1m^2$의 16분의 1이다. 복사 용지의 무게는, 1제곱미터당 80g이므로, 앞서 페르미 문제에 관한 꼭지에서 말했듯이, 한 장은 정확히 5g이다. 그러나 A 포맷만 있는 것은 아니다. 표준에는 B 포맷도 포함된다. B0 용지는 짧은 변의 길이가 정확히 $1m^5$다. 그리고 C 포맷은 A와 B 규격의 기하 평균이며, 통상 봉투에 사용된다. 이 경우에도 번호가 올라가면서 면적은 절반이 된다. 스웨덴 사람들은 도가 지나쳐 D, E, F에다 G 포맷까지 있다!

끝으로 흥밋거리 하나를 들자면, 상업용 봉투에 넣기 위해 종이를 3등분으로 접은 적이 있는가? 지금까지 가장 간단한 시스템은 여백에 접는 선이 그려진 종이를 사용하는 것이다. 그러나 긴급 상황에서는, 화내면서 종이를 말기 전에 아래 그림에 묘사된 방법을 사용할 수 있다. 짧은 쪽을 네 부분으로 나누고, 한쪽 모서리와 맞은편의 세 번째 접힌

---

5   더 정확히는 1.03m.

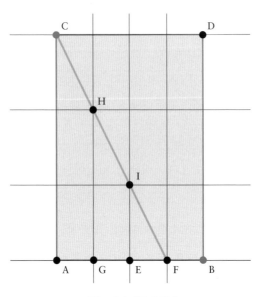

접는 것이 괴롭지 않다

부분 사이를 접는다. 이 마지막 접기로 만들어진 선은 처음 두 개의 수직으로 접힌 선과 각각 3분의 1 지점(H)과 3분의 2 지점(I)에서 만난다. 직접 시도해보든가, 아니면 단순히 닮은 삼각형의 성질을 떠올려보라.

너무 압축된 파일을 믿지 마라

    수십 년도 더 된 아주 오래전, 내가 인터넷을 들락날락하기 시작했을 때는 파일 압축에 관한 이야기가 별로 없었다. 데이터 저장 수단이 별로 없고 비쌌기 때문에 다른 무엇보다 우리는 가능하면 적은 공간을 사용하려고 노력했다. 이를테면 내 첫 번째 플로피 디스크(플로피 디스크가 뭔지는 아는지?)는 무려 144킬로바이트를 저장할 수 있었다. 그러나 데이터 연결은 훨씬 더 제약되고 비쌌기 때문에 최초의 기록 보존 프로그램이 등장했다.

    사실을 말하자면, 처음 몇 년간 폭발적으로 발전한 이후 이론적 발전은 멈추었고, 1980년대 이후 정말로 새로운 압축 기술은 더 이상 발표되지 않았다. 대신에 이미 압축된 파일의 크기를 더 줄일 수 있는 놀라운 성능의 압축 알고리즘을 발표하는 사람이 한 번씩 나온다. 이 놀라운 수준의 압축을 전하는 가짜 뉴스와 '실제 시연'을 얼마나 많은 사람이 믿는지 보면서 나는 항상 깜짝 놀란다.

그런데 항상 작동하는, 즉 모든 파일의 크기를 줄이는 데이터 압축 기술이 없음을 증명하기는 쉽다! 실제로 하나의 파일은 그 자리에 0 또는 1의 값을 취할 수 있는 수많은 비트(bit)로 이루어진다. 예를 들어 1,000비트와 같은 임의의 시작 값을 선택해보자. 서로 다른 1,000비트의 파일은 몇 개나 있을 수 있을까? 금방 계산할 수 있다. 비트 1에 대해 두 가지 가능한 값, 비트 2에 대해 두 가지 가능한 값, 이런 식으로 비트 1000까지 있다. 모든 비트는 서로 독립적이므로 이 모든 2를 곱해야 한다. 그러므로 2^{1000}개의 가능한 파일이 있다. 그리고 1,000비트 미만의 가능한 파일은 몇 개일까? 1비트는 2개('0' 및 '1'), 2비트는 4개('00', '01', '10', '11'), 3비트는 8개 등이 있다. 원한다면 여기에 0비트 파일 하나를 더할 수도 있다. 그것이 무엇일지 궁금하다면, 그것은 아무것도 담고 있지 않으므로, 정보는 바로 그것이 존재하는 것이라고 대답하겠다. 두 개의 다른 0비트 파일은 있을 수 없으므로(아무것도 포함하지 않는데 어떻게 다를 수 있겠는가?) 단 하나만 있다.

이제 이 모든 파일을 세어보자. 합계는 $2^{1000}-1$, 즉 1,000비트 파일의 가능한 경우의 수보다 하나 적다. 수학자들에게는, $n+1$개의 물건을 n개의 서랍에 넣어야 한다면 두 개의 물건이 든 서랍이 최소한 하나 있으리라는 것을 과장되게 표현하는 방법이 있으며, 이것을 서랍 원리[6]라고 한다. 이것을 우리 경우에 적용하면, 어떤 방식으로 원본 파일과 압축된 파일을 연관시키든 어디에 넣어야 할지 모르는 게 하나 남는다는 것을 발견한다. 그것은 더 짧은 파일은 말할 것도 없고 최소 1,000비트 길이의 파일과 반드시 연관되어야 한다.

이런 실망스러운 결과를 보고 압축 프로그램이 어떻게 작동하는지, 또 꽤 잘 작동하는지 궁금해할 수 있다. 간단하다. 우리가 정말로 압축하는 데 관심 있는 파일의 수는 결국 '몇 개'뿐이다. 1,000비트, 즉 125바이트(byte)의 파일을 다시 들어보자. 사실상 아무것도 아니다. 우리는 2^{1000}개가 있음을 보았다. 이렇게 쓰인 것을 보고 그게 뭔지 누구든 알 것 같지 않지만, 정말 엄청난 숫자다. 이게 얼마나 큰지 이해하려면, 전체 우주에 있는 모든 양성자, 전자, 중성자를 생각해보라. 그런 다음, 각각의 입자가 우리와 같은 우주라고 상상해보라. 이 모든 우주 속 기본 입자들을 다시 우주라고 생각해보라. 마지막으로 그 '우주의 우주의 우주의' 입자를 세어보라. 이제야 우리는 2^{1000}과 비교할 만한 숫자를 가진다.

---

6   Drawer principle. 비둘기집 원리Pigeonhole principle라고도 한다.

간단히 말해, 가능한 파일의 수는 간단히 상상조차 할 수 없는 데 반해, 우리가 만들어내는 것은 미미한 부스러기이며, 우리가 사용하는 알고리즘은 우리 파일들이 무작위가 아닌 어떤 것이라는 사실을 이용한다. 실제로 우리는 필요한 파일만 압축하고 무작위로 생성된 파일은 고려하지 않는다. 오히려 난수 파일을 압축했다고 말하는 사람들을 경계하라. 만약 그들이 정말로 성공했다면, 그것은 그 숫자들이 그리 무작위가 아니라는 것을 증명하는 증거다.

끝으로, 완결하기 위해, 완전히 다른 압축 방식들이 있음을 기억하자. 이들은 오디오, 비디오 및 이미지 파일에 사용되며, 훨씬 더 나은 결과를 준다. 우리가 디지털 지상파 텔레비전으로 전환했을 때 하나의 아날로그 채널 공간에 8개의 디지털 채널을 넣을 수 있었다는 것을 생각하는 것으로 충분하다. 비결은 무엇일까? 간단하다. 손실 압축 기술(lossy compression technique), 즉 쓸모없는 것으로 여겨지는 일부 데이터를 버리는 것과 관련된 기술이 사용된다. 이렇게 하나의 mp3 파일은, 당신이 그것을 들을 때(즉, 압축을 풀 때, 비록 당신은 그저 결과를 스피커로 보내기 때문에 압축을 푸는지를 알아차리지 못한다고 하더라도) 정확히 원본 파일이 아니다.

같은 식으로 JPEG 이미지는 모든 초기 색상을 사용하지 않는다. 이것은 텍스트 파일에 치명적일 수 있다. 문학적

걸작을 압축하면 어떻게 될지 생각해보라. 당신은 그럭저럭 잘된 의역을 되찾을 것이다. 그러나 멀티미디어 파일의 경우는 상황이 다르다. 남자는 16가지 색상만 인식한다고 한다. 이것은 농담이지만, PC 화면에 나타낼 수 있는 수백만 가지 색상을 제대로 인식할 수 있는 사람은 아무도 없다. 그리고 우리의 눈은 색조의 최소한 차이를 인지하는 데 특화되어 있다는 사실을 고려한다면, 내 생각에 50가지 회색 그림자[7]는 베스트셀러 제목에서만 볼 수 있다. 단, 한 가지 중요한 것은 압축 인자를 과도하게 사용하지 않는 것이다. 그렇지 않으면 잘못된 색이 나오거나 조화(harmony)가 불안정해질 위험이 있다……. 일부 가수는 후자의 경우를 알아차리기 어렵다!

---

7 E.L. 제임스의 소설 『그레이의 50가지 그림자』를 말하는 것이다.

완벽하게 안전한 암호화

암호화는 모든 사람의 입에 오르내리는 개념이지만 대부분은 그것이 어떻게 작동하는지 알지 못한다. 그게 잘못은 아니다. 이해한다. 운전학원에서 뭐라 말하건 자동차를 운전하기 위해 내연기관이 어떻게 작동하는지 우리가 알 필요 없는 것과 마찬가지로, 그게 누구건 구현한 사람을 믿고 암호화된 안전한 거래를 할 수 있다.

그러나 이른바 해커들(그 자체로 완전히 다른 의미를 가질 수 있는 단어다. 피해를 주는 사람은 크래커다)에 의해 해독된 암호화 방법에 대해 읽으면, 암호 해독 키가 도난당할 때까지 아무도 아직 완전히 안전한 암호화 시스템을 만들지 못한 이유가 아마도 궁금해질 것이다. 그런 방법이 불가능하기 때문일까? 아니다. 완벽하게 안전한 암호화 시스템은 한 세기 동안 알려져왔으며 지난 50년간 그것을 해독할 수 없다는 것도 입증되었다. 그것을 구현하는 것도 전혀 어렵지 않다. 그렇다면 그것의 활용을 가로막는 어떤 음모라도 있는 것일까?

2000년 전 카이사르의 암호와 함께 그 역사가 시작된다. 그 군사령관은 각 문자를 알파벳의 세 자리 뒤에 오는 문자로 대체해 자신의 텍스트를 암호화했다. A가 D가 되고 B가 E가 되는 식으로 계속하다 Z 다음에는 A로 돌아온다. 이 암호를 사용하면 CAESAR는 FDHVDU가 된다. 기술적으로 일정 거리 단일치환 암호(mono-alphabetic substitution at constant distance)라고 정의되는 이 시스템은 전혀 안전하지 않으며, (하나의 숫자가 어떤 문자에든 해당할 수 있어 심지어 더 복잡한) '이주의 퍼즐'에 있는 암호를 푸는 것을 즐기는 사람이라면 누구나 잘 알고 있다. 그러나 카이사르의 시대에는 조악함이 예외적인 것이 아니어서 단순한 암호로도 충분했을 것으로 생각된다.

1586년 다중 문자 치환을 도입한 비즈네르 암호(Vigenère cipher)와 함께 최초의 진정한 질적 도약이 일어났다. 26개의 다른 암호가 있어, 각각이 알파벳 문자 하나와 짝을 이루었다. 그런 다음 열쇠 말을 사용하는데, 예를 들어 CHIAVE[8]라면, 텍스트는 첫 글자는 C에 해당하는 암호를

8　이탈리아어로 열쇠라는 뜻.

사용하고, 두 번째 글자는 H, 세 번째 글자는 I와 같은 식으로 계속해서 암호화가 진행된다. 키워드(CHIAVE)가 한 번 끝나면 첫 번째 문자가 다시 시작된다. 마치 완전한 키워드가 CHIAVECHIAVECHIAVE……인 것처럼.

비즈네르 암호는 단순 치환법에 비해 큰 이점이 있다. 이것은 원본 텍스트의 문자 빈도에 대한 정보를 파괴한다. 이탈리아어에서는 모음 E, A, O, I가 가장 자주 사용되는 문자 중 하나인 반면 Q는 가장 적게 사용되는 자음이라는 것을 알고 있으므로, 더욱 정교한 분석을 통해 원문을 쉽게 찾을 수 있다. 그러나 각 문자에 대한 암호를 변경하면 이런 종류의 통계는 더 이상 작동하지 않게 된다. 그럼에도 진지하고 의욕적인 암호 분석가가 만약 매우 긴 암호 텍스트를 사용할 수 있다면, 다양한 길이의 열쇠 말을 시도해 어떤 결과가 이탈리아어 문자의 분포 통계와 호환되는지 알아볼 수 있다.

제1차 세계 대전 동안 전체 텍스트와 같은 길이의 키워드를 사용하는 것(그러나 그 아이디어는 그보다 30년 전에 이미 제시된 바 있다)을 생각해냈는데, 이렇게 하면 통계를 내기가 불가능해진다. 이 시스템은 1919년 발명가 중 한 사람의 이름을 딴 버넘 암호(Vernam's cipher)로 특허를 받았다. 그러나 이것은 일회성 암호로 더 잘 알려져 있다. 그 후 정보 통계 이론 창시자인 클로드 섀넌(Claude Shannon)은 열쇠가 절대 재사용되지 않고 완벽하게 무작위하다는 두 가지 조건이 충족될 때 이 암호는 이론적으로 완전하다는 것을 증명했다. 첫 번째 조건은 빈도 분석을 쓸모없게 만든다. 두 번째 조건은 모든 가능한 일반 텍스트가 우리에게 같은 확률로 암호화된 텍스트가 나타나도록 해준다.

속임수는 어디에 있을까? 적어도 두 개가 있다. 열쇠 말이 모든 메시지를 암호화할 수 있을 만큼 충분히 길어야 할 뿐만 아니라, 수신자는 메시지 자체를 받기 전에 다른 채널을 통해 열쇠를 받아야 한다. 인터넷에서 안전한 거래를 하려면 당신은 먼저 사이트 관리자에게서 키를 받아야 한다는 것을 생각하라. 이것이 공개 키 시스템(public key system)이 인터넷에서 사용되는 이유다.

그것이 난공불락이라는 이론적 보장은 없고 다만 실질적인 보장만 있을 뿐이지만, 사전에 키를 교환할 필요는 없다. 요컨대 완벽한 암호는 특별한 경우를 제외하고는 실제로 사용할 수 없다. 안다, 이게 나쁜 소식이란 걸. 마치 "수술은 완벽했지만, 환자는 죽었습니다"라고 말하는 것과 같다. 수학이 항상 도움이 되는 것은 아니다.

CD는 왜 지직거리지 않을까?

    역사의 순환은 내가 '싸구려 비닐'이라고 부르곤 했던 33회전[9] 레코드를 다시 유행하게 했다. 레코드를 사는 사람들은 레코드 음질이 CD보다 훨씬 좋다고 주장한다. 그리고 음악이 정말로 얼마나 아름다운지 알 수 없게 하는 악마의 작품이라고 사람들이 말하는 mp3 파일에 대해서는 아예 이야기하지 말자.

    나는 이런 혹평에 동참할 생각이 없지만, 15년 전에 비틀스에 푹 빠진 친구 몇 명이 비틀스의 여덟 번째 앨범 〈서전트 페퍼스(Sgt. Pepper's)〉에 실린 몇 곡을 내게 들려주었고, 비닐 레코드로 들었을 때 CD에 없는 소리를 들을 수 있었다는 것은 보장할 수 있다. 그러나 그 이유가 아날로그와 디지털의 차이 때문이 아니라 잘못된 더빙 프로세스에 있다

---

9   정확히는 분당 33과 1/3회전.

는 것도 맞는 말이다. 한편 긁힌 CD는 레코드와 달리 지직 거리지 않는다. 왜 그럴까?

우선, 원칙적으로 디지털 방식으로 측정된 양은 유한한 수의 값을 할당하므로, 무한히 다른 값을 취할 수 있는 탐침을 사용한 아날로그 방식으로 측정된 양보다 분명 덜 정확하다. 그러나 실제 상황에서는 문제가 조금 다르다. 예를 들어 3.1415926cm 길이 선분과 3.1415927cm 길이 선분의 차이는 너무 작아서 돋보기로도 보이지 않으며 아무도 그 두 길이를 π센티미터 길이의 선분과 구별할 수 없다.

소리의 경우에는 디지털을 받아들이는 데 수학적이고 생리학적인 이유가 있다. 사실 표본 추출 정리(Sampling Theorem)라는 것이 있는데, 이 정리가 말하는 것은 만약 소리를 구성하는 최대 주파수가 N헤르츠(Hz)이면, 초당 최소 $2N$개의 표본을 계산하면 음파를 정확하게 재현할 수 있다는 것이다. 따라서 이론은 간단하다. 아무도 2만Hz 이상의 소리를 들을 수 없으므로, 초당 4만 개(CD 표준은 실제로 4만 4,100개의 값을 요구한다) 이상의 값을 취하는 것으로 충분하다.

유감스럽지만 실제적인 문제가 있다. 우선 이 시점에서 소리의 값을 정확하게 계산할 필요가 있는데, 그 값 또한 디지털화될 것이기 때문이다. 그런 다음 사운드를 필터링해

지나치게 높은 주파수는 제거해야 한다. 그렇지 않으면 더 낮은 다른 주파수와 오인될 수 있다. 우리끼리 이야기인데, 가끔 CD의 음질이 LP보다 나쁜 것은 최적화되지 않은 필터를 사용했기 때문이라고 생각하지만, 내 주장에 대한 증거가 없다는 점은 인정한다. 내가 수학 신앙주의자여서 그렇다고 치자.

반면에, CD에 난 스크래치가 너무 크지만 않으면 소리를 변형시키지 않는 이유를 쉽게 설명할 수 있다. 이유는 CD에는 소리에 해당하는 값이 담겨 있을 뿐만 아니라, 오류를 식별하고 오류가 너무 크지 않을 때 수정하는 데 쓰이는 제어 값이 추가되어 있다는 사실에 있다. 이러한 기술의 기초가 되는 수학적 이론은 1940년대부터 크게 발달했다. 그때부터 최초의 디지털 컴퓨터가 제작되었고 그것들이 필요해지기 시작했기 때문이다. 이전에는 예상할 수 있는 최대 오차를 어떻게 추정할지 연구했다. 이는 아날로그 측정에 필요한 것이었다. 그러나 만약 누군가 정확한 주파수와 조금 다른 주파수로 음을 노래하면 귀가 아주 좋은 사람만이 가수의 음이 조금 틀렸다는 것을 깨닫는다. 한편 당신이 사운드 인코딩에서 0 하나를 1로 바꾸면 무슨 일이 일어나는지 누가 알겠는가.

그러면 무엇을 해야 할까? 원본 데이터와 가능한 한 거리를 두는 방식으로 계산된 다른 값(이 또한 잘못 수신될 수 있다는 것을 기억하라!)이 추가된다. 이 시점에서 그것은, 벽 위에 흩어져 있는 우표 크기보다 크지 않은 표적 위에 있는 점들을 인식하려는 것과 같다. 우리는 더 이상 극도의 정밀도로 그것을 표시할 필요가 없다. 원하는 점 근처에 도달해 표시된 것에 가장 가까운 점을 선택하는 것으로 충분하다. 우리는 용량을 낭비했지만, 어느 정도 안전 마진을 확보했다.

실제 상황은 내가 설명한 것만큼 간단하지 않다. 특정한 수의 오류를 고치려면 얼마나 많은 또 어떤 자릿수가 필요한지 설명하는 정리가 있다. 거기에다, 물리적 세계로 돌아와, 스크래치는 디스크의 특정 위치에 집중되므로, 섹션당 총 오류 수를 줄이기 위해서는 그 값에 해당하는 이진수를 물리적으로 분리하는 편이 낫다는 점도 고려해야 한다. 원칙은 어쨌든 그대로다. 홈을 따라 달리는 레코드 바늘이 더 우월하다고 하고 싶은가?

스테가노그래피

한 가지만 분명히 하고 이야기를 시작하겠다. 스테가노그래피(steganography)는 속기(stenography)와 아무런 관련이 없다. 이것은 심지어 영어로 된 위키피디아 항목의 시작단어에도 지정되어 있으므로 많은 사람을 헷갈리게 한다. 사실 -graphy라는 접미사에서 알 수 있듯이 두 가지 모두쓰기 방법이지만, 속기의 경우에는 약호로 표시된다. 부호가 사용되는 것은 사람이 말하는 속도와 보조를 맞추기 위해서이며, 대부분 사람에게 그것이 이해가 안 되는 것은 단순히 아직 일반 텍스트로 변환되지 않았기 때문이다.

스테가노그래피는 속기와 아주 다른 것이다. 그리스어로 스테가노스(steganòs)는 '비밀, 은신처, 뚫을 수 없는'이라는 뜻이며(지붕을 뜻하는 그리스어 단어 stégi와 동일한 어원이다), 그것을 봐서는 안 되는 사람들에게 보이지 않도록 어떤것을 쓰는 기술을 의미한다.

스테가노그래피는 역사가 길다. 헤로도토스(Herodotos)는 이미 기원전 5세기에 데마라투스(Demaratus)에 얽힌 이야기를 하면서 스테가노그래피를 언급한다. 데마라투스는 나무 받침에 메시지를 새긴 다음 밀랍으로 덮고 다른 텍스트를 썼다. 헤로도토스는 또 히스티아에우스(Histiaeus)가 노예의 머리를 밀고 메시지를 문신으로 새겨 넣은 예를 든다. 머리가 다시 자랐을 때 노예는 메시지와 함께 떠났다. 나는 이 마지막 이야기는 믿지 않는다. 고대는 21세기만큼 정신없이 바쁘지 않았겠지만, 그렇다고 해도 몇 주 동안이나 머리카락이 다시 자라기를 기다리는 것은 지나치다. 게다가 헤로도토스는 때때로 이야기의 출처를 확인하지 않은 것으로 알려져 있다…….

어쨌든 발견될 가능성을 줄이기 위해 무언가를 보이지 않도록 숨긴다는 생각은 확실히 수천 년 동안 알려져왔다. 그러나 스테가노그래피라는 용어는 1499년 대수도원장이었던 조반니 트리테미오(Giovanni Tritemio)의 책 제목에서 만들어졌다. 그 책은 외관상 마술에 대한 학술서였으나 오히려 (아주 적절하게도) 스테가노그래피의 기술들에 관해 이야기했다. 이 책은 물의를 일으켰고 트리테미오는 원고의 모든 사본을 파기하려고 했지만 성공하지 못했다. 그리하여 『스테가노그라피아(Steganographia)』는 자신이 '중요한 사람들'에 속한다는 것을 증명하는 데 필수적인 작품 중 하나로서 언더그라운드 베스트셀러가 되었다. 인쇄된 책에 적합한 기술은 프란체스코 바코네(Francesco Bacone)가 생각해냈다. 텍스트는 살짝 다른 두 가지 유형의 문자(오늘날 하는 말로 두 가지 폰트)를 사용했으며, 두 번째 유형의 문자만 읽으면 진정한 메시지를 발견할 수 있었다.

이런 스테가노그래피 기법은 '아마추어적'이었다. 왜냐하면 그것들을 배치할 특정한 기본 틀이 없었기 때문이다. 요컨대 각 사용자는 개인적으로 시스템을 발명하고 그것을 적용했다. 그러나 1985년 이후 상황이 갑자기 바뀌었다. 그 공은(혹은 잘못은) 컴퓨터 덕분이다. 계산기를 사용하면 스테가노그래피 텍스트를 추출하는 데 필요한 연산을 더 쉽게 수행할 뿐만 아니라, 텍스트를 감출 수 있는 장소에 대해 마르지 않는 소스를 제공한다!

가짜 이베이 게시판부터 블로그 게시물에 이르기까지 모든 것이 텍스트의 기초로 사용되었지만, 스테가노그래피의 완벽한 후보는 오디오 파일과 특히 이미지 파일이다. 왜냐하면 누구도 실제 메시지를 담으려고 일부러 삽입한 색상이나 사운드의 미세한 차이를 알아차릴 수 없기 때문이다. 실제로 우리는 하나의 이미지에서 시작해 가장 중요하지 않은 비트(즉, 그림자를 인코딩하는 비트)를 택해, 그것들을 모았을 때 우리가 실제로 보내고자 하는 텍스트에 해당하는, 다른 비트로 대체한다. 최종 결과는 완전히 자연스럽게 보일 것이다. 설사 나중에 누군가 이미지에 스테가노그래피 메시지가 포함되어 있다는 것을 알게 되더라도 숨겨진 텍스트 복구는 작업의 첫 부분에 지나지 않는다! 텍스트는 십중팔구 이미 암호화되었을 것이다.

어차피 읽을 수 없는 것이라면 왜 힘들게 숨겨야 할까? 간단하다. 누군가 암호화된 메시지를 보게 되면, 비록 쓰인 내용을 알 수 없더라도 의혹이 생길 것이고, 보이지 않으면 잠잠할 것이다. 그러나 스테가노그래피가 현실에서 정말로 사용되고 있을까? 한 가지만 지적하겠다. 왜 웹상에 새끼 고양이 사진이 말 그대로 넘쳐나고 있을까?

빅데이터의 영향

다들 빅데이터에 관해 이야기한다. 어떤 사람들은 또한 그게 무엇인지도 알고 있다. 지속적으로 증가하는 계산 능력과 엄청난 양의 생성된 데이터를 사용해, 통상적인 통계 기술을 벗어나는 예측을 한다. 통상적인 통계에서는 표본을 신중하게 선택해야 하고 핵심적인 정보를 잃을 위험이 있다.

빅데이터의 주문 중 하나는 'N=전부'라는 문구다. 표본은 전체 모집단에 해당하며 아무것도 버려지지 않는다.

자주 언급되는 빅데이터 접근 방식의 성공 사례 중에 구글 독감 트렌드(Google Flu Trends) 프로젝트가 있다. 검색 엔진상 문자열 집합을 사용해 미국 내에서의 독감 유행을 CDC(Centers for Disease Control and Prevention, 미국질병통제예방센터)보다 더 빠르게 예측할 수 있다. CDC는 의사들의 보고가 수집되고 처리될 때까지 기다려야 한다. 반면 구글은 독감 전염병과 연관된(더 정확히는 상관관계가 있는) 검색을 실시간으로 보면서 그 대답을 준다.

유감스럽게도 구글 독감 트렌드는 3년 연속 예측에 실패했고, 심지어 2013년 전염병의 경우에는 실제로 발생한 독감 사례의 거의 두 배를 예측했다. 나쁘게 해석하자면, 그 예측들은 그 주제에 관해 최초의 논문과 책을 출판하는 데 꼭 필요할 때만 옳았고, 이후 그것을 믿음의 항목으로 만들기 위해 '복붙(복사해서 붙여넣기) 효과'를 악용했다고 주장할 수도 있다.

이러한 대실패가 빅데이터는 단지 홍보용 술책이며 실제적인 관련성이 없음을 증명하는 것일까? 그렇지는 않다. 예를 들어 체스를 하는 프로그램은, 게임의 오프닝과 마무리에 관한 막대한 양의 라이브러리를 이용해, 최고의 그랜드 마스터조차 물리친다. 기계 번역 및 음성 인식은, 규칙 접근 방식이 어떠한 의미론적 지식 없이 순수하게 통계적으로 추론하는 '평범한' 엔진과 결합한 이래, 크나큰 발전을 이루었다. 요컨대 좋은 점도 있다. 다만 아직 분명히 그렇게 좋지는 않다. 무엇이 잘못된 것일까? 여기 몇 가지 가능한 가설이 있다.

우선, 얻어진 결과가 그저 우연의 산물이었을 수 있다. 구글의 예측 기술은 결국 순수하게 통계적이며, 빅데이터

패러다임은 인과관계를 찾는 것이 아니라 그저 상관관계, 즉 사건 간 연관성을 찾는 것이다. 만약 A와 B가 매우 자주 함께 발생한다면 A가 B의 원인이거나, A가 B의 결과이거나, A와 B가 다른 알려지지 않은 사건 C의 결과이거나……그도 아니면 우연히 함께 발생했을 수 있다. 하지만 그렇다면 검색 문자열이 무작위로 연관된 결과를 주던 처음 몇 년이 지난 이제는 상황이 다른 곳으로 옮겨간 것일 수도 있다. 그러나 내 생각에 이 가설은 지나치게 단순하다. 구글 독감 트렌드에서 사용하는 검색 키워드 중 일부는 처음에는 개연성이 없어 보이는 것이 사실이지만 다른 많은 키워드는 그럴듯하므로, 우연이 왜 그렇게 중요한 역할을 해야 하는지 명확하지 않다.

두 번째 이유는 데이터가 충분하지 않거나 적어도 보정이 필요하기 때문이다. 『사이언티픽 아메리칸(Scientific American)』의 기사에 따르면 구글 대변인은 다음과 같이 해명했다. "우리는 매년 구글 독감 트렌드 모델을 재검토해서 어떻게 하면 그것을 개선할 수 있는지 알아봅니다. 2013~2014 시즌을 위한 마지막 업데이트는 2013년 10월에 이루어졌습니다." 구글 검색과 독감 유행 사이의 초기 상관관계를 찾기 위해 과거의 관찰(즉, 연구)을 전염병 발생에 관한 공식적인 데이터와 대응시킬 필요가 있었던 것은 명백하다. 그러나 단지 상대적으로 짧은 시간으로도 빅데이터의 기반이 되는 가설을 입증하기에 충분한 양의 데이터를 이용할 수 있다. 즉, 사용 가능한 데이터가 너무 많아 통계 기법을 사용하지 않고도 상관관계를 찾을 수 있다. 따라서 그동안 얻은 새로운 데이터를 고려해 알고리즘을 다시 보정하기만 하면 된다.

이 가설은 첫눈에는 매력적이지만 더 자세히 살펴보면 나쁜 결과를 초래하는 것임을 알게 된다. 사실, 유효한 결과가 얻어진다는 것을 확신하기 위해 빅데이터가 얼마나 커야 하는지 사전에 평가할 방법이 없다면 이를 사용하는 게 무슨 의미 있을까? 우리는 "팀이 이기면 내 작전 덕분이고, 패배하면 그것을 적용하지 못한 선수들의 잘못"이라고 말하는 축구 코치와 같은 상황이 될 것이다. 나라도 이런 예측은 할 수 있다.

그리고 빅데이터 모델에는 훨씬 더 염려스러운 세 번째 가설이 있는데, 그것은 피드백의 입력이다. 일반 대중이 구글 독감 트렌드 알고리즘(알고리즘 자체가 아니라, 적어도 넓은 의미에서 그것의 존재와 구성)을 알고 있다는 사실은 그것을 안다는 사실로 인해 (음음……) 검색에 영향을 준다. 간단히 말해, 그것에 대해 더 많이 이야기할수록 더 안 좋게 작동한다. 예를 하나 들어보자. 만약 많은 사람이 유튜브의 최신 인기 동영상에 관해 이야기하는 것을 들으면 나도 가서 보고 싶어지고, 그렇게 함으로써 동영상의 인기는 더욱 올라간다.

피드백의 효과를 계산해 이를 고려하도록 알고리즘을 바로잡는 것이 항상 가능한 것도 아니다. 1920년대에 알프레드 로트카(Alfred J. Lotka)와 비토 볼테라(Vito Volterra)가 피식자-포식자 비율을 조절하는 방정식을 연구한 이래, 다섯 개의 구별되는 종을 가진 생태계는 수학적 의미의 카오스, 즉 인구 진화를 예측하는 것이 불가능해지는 상태에 빠르게 도달한다는 것이 발견되었다. 아이작 아시모프는 파운데이션 시리즈에서 심리역사학을 통해 믿기지 않을 정도로 타당한 방식으로 빅데이터를 예측했고 이를 잘 설명했다. 제2파운데이션이, 은하계가 해리 셸던이 뒤쫓아온 경로를 따르게 하는 작업을 확실하게 하려면, "방정식을 교란하지 않도록" 그것이 아무에게도 알려지지 않은 채 남아 있어야 했다. 요컨대 빅데이터에 기반한 모델이 작동하기 위해서는, 모든 사람이 데이터를 사용할 수 있어야 할 뿐 아니라 그것이 어떻게 사용되는지 그 누구도 알면 안 된다. 여러분은 어떨지 모르지만 내게는 "아무도 모르는 권력이 정말로 강하다"는 것이 통상적인 "강한 힘"보다 훨씬 더 우려된다.

마지막으로, 나의 관점은 훨씬 더 실용적이며 '충분히

좋다(good enough)'라는 슬로건으로 요약할 수 있다. 빅데이터는 충분히 잘 작동한다. 심지어 우리가 그것을 시험해 보기 전에 순진하게 상상할 수 있는 것보다 훨씬 잘 작동한다. 여기, 마법의 단어로 충분하다. 나는 중국어로 작성된 신문의 텍스트를 구글 번역을 활용해 완전히 이해할 수는 없지만 그래도 나름 괜찮은 결과를 얻을 수 있다. 하지만 그것을 어느 정도 완전히 이해하려면 나 자신의 노력을 투입해야 한다. 더 선호한다면, 비록 내가 영어 원어민은 분명히 아니지만, 이탈리아어를 영어로 번역할 때 내 번역이 구글 번역보다 낫다. 이것은 어떤 의미가 있다. 내 느낌에, 매우 제한된 영역에 한해서는 기계가 우리를 아주 문제없이 앞지를 것이며, 컴퓨터가 최고의 바둑 기사가 될 날이 오기를 고대하고 있다.[10]

그러나 많은 경우, 정말로 유용한 결과를 얻기 위해서는 데이터를 처리하면서 우리의 자연지능을 컴퓨터의 인공지능과 결합해서 사용해야 할 것이다. 이러한 21세기 초의 인공지능에 대한 순수통계적 접근 방식은 지난 세기의 '규칙' 접근 방식에 비해 크게 개선되었지만, 내 생각에는 이제 종점에 도달한 것 같다. 빅데이터에 연관된 글로벌한 영향

---

10 이 책은 알파고가 이세돌을 이기기 전에 쓰였다.

이 미치는 데는 수십 년 아니면 수년이 걸릴 테지만, 그렇다고 해도 진정한 전환이 이루어지려면 한 천재가 완전히 다른 방법을 발명할 때까지 기다려야 한다.

덧붙이기: 아이작 아시모프와 파운데이션 시리즈에 대해 말하다 보니, 구글 독감 트렌드가 조류 독감 바이러스 H1N1과 관련된 2009년의 '변칙적인' 인플루엔자 발병을 예측하지 못했다는 것을 덧붙여야 했다. 그렇지만 예측이 실패한 데 대해 구글을 비난하는 것은 공정하지 않다고 생각한다. 전염병의 특성이 표준적이지 않았고, 바로 그 이유로 인해 예측 모델은 실패할 수밖에 없었다. 상황은 소설 『닥터후』 시리즈에서 노새가 등장하면서 발생한 것과 같다. 예측할 수 없는 단일 사건, 즉 나심 탈레브의 『블랙스완』은 훨씬 더 예측할 수 없는 결과로 이어진다.

더 알아보기

다음은 이 책에서 다룬 주제를 더 깊이 탐구할 수 있는, 인쇄되거나 온라인에 있는 자료다. 일반적으로 영어판 위키피디아에 대한 링크가 지배적이라는 것을 알 수 있을 것이다. 항상 가장 명확한 출처인 것은 아니지만, 일반적으로 수학 항목을 위한 매우 좋은 출발점이다.

1장 산술

마이너스 × 마이너스(플러스 혹은 마이너스)

좀 더 '수동적인' 방법으로 부호의 규칙을 보기 원하는 경우 카드의 한쪽을 색칠한 다음 이탈리아 백과사전 트레카니(Treccani) 포털(http://tinyurl.com/pausacaffe11)에 표시된 절차를 따를 수 있다.

평균에 주의하라!

통계 분포에 대한 더 많은 예를 보고 싶다면 제노아 대학교의

MaCoSa 사이트(http://tinyurl.com/pausacaffe12)를 참조하라.

구거법

Larte de Labacho의 텍스트는 http://tinyurl.com/pausacaffe13에서 참조하고 내려받을 수 있다(구거법은 10페이지에 있다).

구거법을 연구하는 다른 방법은 Rudi Matematici(http://tinyurl.com/pausacaffe14)에 설명되어 있다.

의심스러운 명성의 수

http://tinyurl.com/pausacaffe15에서 칸토어와 프란젤이 나눈 서신 영어 번역본(원본은 물론 독일어다)을 참조할 수 있다.

그러나 초현실적인 숫자에 대해 알고 싶은 사람은 도널드 누스(Donald Knuth)의 소책자『초현실적인 숫자(Surreal Numbers)』를 읽거나 http://tinyurl.com/pausacaffe16에서 시작해 로베르토 차나시(Roberto Zanasi)의 블로그로 이어갈 수 있다.

1일까 아닐까?

나 자신의 글을 직접 인용한다. 우리가 어떻게 실수를 정의하게 되었는지에 대한 더 완전한 설명은 http://tinyurl.com/pausacaffe17에서 찾을 수 있고, 무한 소수에 대해서는 http://tinyurl.com/pausacaffe18에서 이야기한다.

로그

로그의 많은 현대적 사용은 http://tinyurl.com/pausacaffe19에 설명되어 있다.

너무 많이 성장

은행 이자 대체 공식의 결과로서 지수함수를 보려면 http://tinyurl.com/pausacaffe10을 참조하라.

2장 역설, 확률, 예측

천 명 중 한 명은 살 수 없다

의료 및 법적 문제에 특히 중점을 두고 사전 및 사후 확률 추론을 광범위하게 다루는 좋은 책으로는 게르트 기거렌처(Gerd Gigerenzer)의 『숫자에 속아 위험한 선택을 하는 사람들(Calculated Risks: How to Know When Numbers Deceive You)』(살림, 2013)이 있다.

두 봉투의 역설

위키피디아는 http://tinyurl.com/pausacaffe21 페이지에서 역설에 대해 이야기한다.

페니의 게임

게임을 여러 동전으로 일반화하는 존 콘웨이(John Conway)가 개발한 알고리즘을 포함하는 보다 완전한 토론은 http://tinyurl.com/pausacaffe22에서 찾을 수 있다.

심프슨의 역설

위키피디아에서 역설에 대한 가장 완전한 논의는 영어로 된 페이지에서 찾을 수 있다(http://tinyurl.com/pausacaffe23).

두 가지 초기 예제는 다음 기사에서 다루고 있다. P. J. 비켈(Bickel), E. A. 하멜(Hammel), J. W. 오코넬(O'Connell)의 「대학원 입학에서의 성 편향: 버클리의 데이터(Sex Bias in Graduate Admissions: Data From Berkeley)」(『사이언스(Science)』, 187, 4175, pp. 398-404, 1975); 결합된 데이터가 평균의 결함을 드러내는 경우는 http://tinyurl.com/pausacaffe24에서 볼 수 있다.

벤포드의 법칙

이 경우에도 훌륭한 토론은 영문 위키피디아 페이지, http://tinyurl.com/pausacaffe25다. 마크 니그리니(Mark Nigrini)가 벤포드 법칙을 몰랐던 탈세자를 어떻게 발견했는지 설명하는 기사는 http://tinyurl.com/pausacaffe26에서 확인할 수 있다. 세무사를 속이려는 경우 OEIS는 http://tinyurl.com/pausacaffe27에서 '벤포드에 따른 임의의' 첫 번째 숫자 시퀀스를 제공한다.

위키피디아는 얼마나 무거울까?

어림 계산 기술(Spannometry)을 연습하고 싶은 사람은 로런스 바인스타인(Lawrence Weinstein)과 존 애덤(John A. Adam)의 책 『얼마나 많은가(About How Much)?』를 읽을 수 있다(Zanichelli, 볼로냐, 2009).

페르미 문제 목록(영문)은 http://tinyurl.com/pausacaffe28
에서 찾을 수 있다.

중간을 향한 대경주

애로의 정리는 이탈리아어 위키피디아 페이지 http://tinyurl.
com/pausacaffe29에서 잘 다루고 있다.

투표 시스템의 더 완전한 역사(그리고 애로의 정리에 대한 설명)
를 위해서는 조지 슈피로(Georges Szpiro)의 『대통령을 위한 수
학』(살림, 2012)이 유용하다.

3장 게임

더블로? 아니 그대로

상트페테르부르크 역설의 역사와 예는 http://tinyurl.com/
pausacaffe31에서 확인할 수 있다.

룰렛에서 이기는 방법

더블 제로가 있는 미국식 룰렛을 사용해 마틴게일을 분석한 것은
다음을 참조하라. http://tinyurl.com/pausacaffe32.

두 배로 걸면 두 배로 벌까?

윈포라이프(Win for Life)의 공식 규칙은 http://tinyurl.com/
pausacaffe33에서 확인할 수 있다.

최악의 승리

이스너 대 마후트의 경기에 대해서는 심지어 위키피디아에 한 페이지가 할애되어 있다(http://tinyurl.com/pausacaffe34).

카드 순서 뒤집기

로베르토 차나시(Roberto Zanasi)의 『고정 소수점(Un punto fermo)』(40k, Milano, 2014)은 불변량 및 단변량에 대한 훌륭한 시작점이다.

공정한 주사위와 불공정한 주사위

공정한 주사위를 구입하려면 http://tinyurl.com/pausacaffe35에 있는 알렉스 벨로스(Alex Bellos)의 기사에서 시작할 수 있다.

불공정한 주사위는 훨씬 오래되었으며 일반적으로 비(非)전이적(non-transitive)이라고 불린다. http://tinyurl.com/pausacaffe36.

비서 구함

비서를 선택하는 문제는 영문 위키피디아 페이지 http://tinyurl.com/pausacaffe37에 설명되어 있다.

4장 주변을 돌아다니며

환상(環狀) 도로에 주의

위키피디아에서 새 도로 건설 후 차량 흐름이 느려진 실제 예를 찾을 수 있다. http://tinyurl.com/pausacaffe41.

이바르 피터슨(Ivar Peterson)은 http://tinyurl.com/pausacaffe42에서 기계적인 역설의 예를 보였다.

언제나 다른 차선이 더 빠르다

폴 크루그먼의 게시물은 http://tinyurl.com/pausacaffe43에서 읽을 수 있다.

2차선 역설에 대한 보다 완전한 논의는 앤디 루이나(Andy Ruina)의 기사(http://tinyurl.com/pausacaffe44)에서 읽을 수 있다.

내 친구들은 나보다 더 친구가 많다

친구의 역설은 스티븐 스트로가츠에 의해 http://tinyurl.com/pausacaffe45에서 논의되었다.

기사 「페이스북 소셜 그래프의 해부」는 http://tinyurl.com/pausacaffe46에서 볼 수 있다.

나를 피해 다니는 엘리베이터

엘리베이터 역설은 위키피디아의 http://tinyurl.com/pausacaffe47에 설명되어 있다.

이상하게 작동하는 엘리베이터의 다른 예는 롭 이스타웨이(Rob Eastaway)와 제레미 윈덤(Jeremy Wyndham)의 책, 『쌍, 숫자 그리고 프랙탈: 일상생활에 숨겨진 다른 수학(Coppie, numeri e frattali. Altra matematica nascosta nella vita quotidiana)』(Dedalo, Bari, 2009)에서 찾을 수 있다.

버스 삼총사

버스의 거동은 롭 이스터웨이와 제레미 윈덤의 『왜 버스는 한꺼번에 오는 걸까?』(경문사, 2018)에 설명되어 있다.

스톱 앤 고

롭 이스터웨이와 제레미 윈덤의 『왜 버스는 한꺼번에 오는 걸까?』에는 대기열에 관한 이야기가 있다.

마구잡이식 걷기

영문 위키피디아 페이지 http://tinyurl.com/pausacaffe48은 시작하기에 좋은 곳이다.

5장 컴퓨터 및 표준

머릿속의 영구 달력

둠스데이를 계산하는 전체 알고리즘은 다음의 위키피디아 페이지에서 볼 수 있다. http://tinyurl.com/pausacaffe51.

둠스데이 및 달력에 대한 기타 수학적 정보는 전자책 『기본 수학(Rudi Mathematici)』 중 「28개 중 1개가 있다(Di 28 ce n'è 1)」(40k, Milano, 2014)에서 다루고 있다.

A4 용지

위키피디아 페이지 http://tinyurl.com/pausacaffe52에는 다양한 규격에 대한 정보가 가득하다.

종이를 세 번 접는 방법은 http://tinyurl.com/pausacaffe53
에 설명되어 있다.

너무 압축된 파일을 믿지 마라

파일 압축기에 대한 사기를 알려주는 사이트가 많다. 예를 들어
http://tinyurl.com/pausacaffe54, http://tinyurl.com/
pausacaffe55가 있다.

압축 알고리즘에 관해 이야기하는 사이트는 http://tinyurl.
com/pausacaffe56이다.

완벽하게 안전한 암호화

일회용 암호표(OTP)의 전체 역사는 위키피디아의 http://
tinyurl.com/pausacaffe57에서 찾을 수 있다.

CD는 왜 지직거리지 않을까?

표본 추출 정리는 http://tinyurl.com/pausacaffe58에서 찾을
수 있다.

표본 추출 정리의 좀 더 소설화된 역사는 『기본 수학(Rudi
Matematici)』 블로그(http://tinyurl.com/pausacaffe59)에서 읽을
수 있다.

스테가노그래피

http://tinyurl.com/pausacaffe5a 사이트는 컴퓨터 수준에서 스
테가노그래피를 공부할 수 있는 훌륭한 소스다.

빅데이터의 영향

구글 독감 트렌드는 http://tinyurl.com/pausacaffe5b에서 찾을
수 있다.

「뉴사이언티스트(New Scientist)」기사는 http://tinyurl.com/
pausacaffe5c에서 볼 수 있다.

『네이처(Nature)』기사는 http://tinyurl.com/pausacaffe5d
에서 볼 수 있다.

구글 독감 트렌드 오류의 가능한 원인은 http://tinyurl.com/
pausacaffe5e에 설명되어 있다.

수학 한잔할래요?
누구와도 재밌는 수학 스몰토크

초판 1쇄 인쇄 | 2022년 7월 10일
초판 1쇄 발행 | 2022년 7월 15일

지은이 | 마우리치오 코도뇨
옮긴이 | 박종순
펴낸이 | 조승식
펴낸곳 | (주)도서출판 북스힐
등록 | 1998년 7월 28일 제22-457호
주소 | 서울시 강북구 한천로 153길 17
전화 | 02-994-0071
팩스 | 02-994-0073
홈페이지 | www.bookshill.com
이메일 | bookshill@bookshill.com

ISBN 979-11-5971-429-0
정가 13,000원